观设计新探

琬莹　著

北京工业大学出版社

图书在版编目（CIP）数据

园林植物景观设计新探 / 杨琬莹

京工业大学出版社，2020.7（2021.8 重

ISBN 978-7-5639-7555-6

Ⅰ．①园… Ⅱ．①杨… Ⅲ．①园

Ⅳ．① TU986.2

中国版本图书馆 CIP 数据核字（2020)

园林植物景观设计新探

YUANLIN ZHIWU JINGGUAN SHEJI XINTAN

著　者：杨琬莹
责任编辑：张　娇
封面设计：点墨轩阁
出版发行：北京工业大学出版社
　　　　　　（北京市朝阳区平乐园 100 号　邮编：100124）
　　　　　　010-67391722（传真）　bgdcbs@sina.com
经销单位：全国各地新华书店
承印单位：三河市明华印务有限公司
开　　本：710 毫米 ×1000 毫米　1/16
印　　张：12.5
字　　数：250 千字
版　　次：2020 年 7 月第 1 版
印　　次：2021 年 8 月第 2 次印刷
标准书号：ISBN 978-7-5639-7555-6
定　　价：58.00 元

园林植物景

杨

著 . — 北京 : 北

重印）

林植物-景观设计

第 136370 号

言

水平的不断提高，我国的城市环境建设以前
应，作为城市环境建设重要内容的园林景观
全国各地都掀起了建设的热潮。

术景观设计中最重要的素材之一，在当今的园
的的科学合理配置，这对于提高整个园林环境的
态作用有着极为重要的作用。利用植物材料造景
态特征及生长发育特性，又要考虑植物与各种环境
因子之间的生态关系；同时还应满足功能需要、符
以植物材料为基础的植物景观设计必须既讲究艺术
观设计不同于山石、水体、建筑景观的构建，其区别
是它的生命特征，这也是它的魅力所在。在实践中，必
的基本理论，因地制宜、适地适树，只有以植物的健康生
发挥其自然美的特性。

个章节，分别为园林植物景观概述、园林植物景观设计的原
物景观设计基本原理、园林植物景观设计的程序及表现手法、
配置的基本形式、园林水体与园林植物景观设计、园林山石与园
设计、园林建筑与园林植物景观设计、城市道路与园林植物景观设
绿地与园林植物景观设计等内容。

者在写作本书和修改过程中，查阅和引用了书籍以及期刊等相关资料，
谨向本书所引用资料的作者表示诚挚的感谢。由于水平有限，书中难免出
现疏漏，恳请读者批评指正。

前

　　随着国家经济实力和人民生活水
所未有的速度快速发展，与之相适
建设近年来也取得了辉煌的成就，

　　植物是风景园林以及环境艺
林景观设计中，越来越重视植物
景观效果，发挥园林环境的生
必须既要考虑植物本身的形态
因子及生态系统中其他生物
合审美及视觉原则。总之
性又讲究科学性。植物景
于其他要素的根本特征
须根据植物生物科学的
长为基础，才能充分

　　本书共包含十
则与方法、园林植
园林植物景观配
林植物景观
计、公园

　　作
在此

目　　录

第一章　园林植物景观概述 ……………………………………… 1

　　第一节　园林植物景观的概念与特点 ……………………… 1

　　第二节　园林植物景观的功能 ……………………………… 3

　　第三节　园林植物景观设计发展简史 ……………………… 6

第二章　园林植物景观设计的原则与方法 ……………………… 9

　　第一节　植物在景观设计中的作用 ………………………… 9

　　第二节　园林植物景观设计的原则 ……………………… 19

　　第三节　园林植物景观设计的方法 ……………………… 28

第三章　园林植物景观设计基本原理 ………………………… 49

　　第一节　园林植物景观设计的生态原理 ………………… 49

　　第二节　园林植物景观设计的群落原理 ………………… 58

　　第三节　园林植物景观设计的美学原理 ………………… 60

第四章　园林植物景观设计的程序及表现手法 ……………… 71

　　第一节　任务书的解读 …………………………………… 71

　　第二节　园林种植设计的程序 …………………………… 72

　　第三节　园林植物的表现技法 …………………………… 79

　　第四节　园林植物景观设计图的类型及要求 …………… 82

第五章　园林植物景观配置的基本形式 ……………………… 87

　　第一节　乔灌木的种植方式与整形 ……………………… 87

　　第二节　花卉的种植形式 ………………………………… 98

　　第三节　藤蔓植物的栽植与应用 ……………………… 102

1

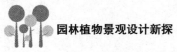

第四节　水生植物的栽植与应用 ·············· 108

第五节　园林植物的观赏特性 ················· 110

第六章　园林水体与园林植物景观设计 ··········· 117

第一节　古典园林水体植物景观方式 ············· 117

第二节　各类水体的植物景观 ················· 118

第三节　堤、岛、桥的植物景观 ··············· 121

第四节　园林水体植物景观常用植物 ············· 123

第七章　园林山石与园林植物景观设计 ··········· 127

第一节　山石与植物景观设计 ················· 127

第二节　岩石园植物景观设计 ················· 131

第八章　园林建筑与园林植物景观设计 ··········· 141

第一节　植物景观对园林建筑的作用 ············· 142

第二节　不同风格的建筑对植物景观的要求 ········· 144

第三节　建筑外环境植物景观设计 ··············· 148

第四节　建筑小品植物景观设计 ··············· 153

第九章　城市道路与园林植物景观设计 ··········· 159

第一节　城市道路基本知识 ··················· 159

第二节　城市道路植物种植设计与营造 ············· 163

第三节　高速公路的植物景观设计 ··············· 167

第四节　城市道路及高速公路的植物景观设计案例分析 ··· 172

第十章　公园绿地与园林植物景观设计 ··········· 175

第一节　综合性公园植物景观设计 ··············· 175

第二节　纪念性公园植物景观设计 ··············· 180

第三节　植物园的植物景观设计 ··············· 182

第四节　动物园的植物景观设计 ··············· 187

第五节　湿地公园的植物景观设计 ··············· 189

参考文献 ·························· 193

第一章　园林植物景观概述

园林植物是城市生态环境的主体，在改善空气质量、除尘降温、增湿防风、涵养水源等方面起着主导和不可替代的作用。园林植物景观设计是将园林植物科学合理地配置在一起，充分发挥其绿化、美化等功能，改善我们的生存环境。在中国古典园林里，植物材料常常与诗词、歌赋、楹联等结合，使得植物配置更具文化内涵。在国外，园林及植物景观也同样历史悠久、文化灿烂。

第一节　园林植物景观的概念与特点

一、园林植物景观相关概念

园林植物，也叫观赏植物，通常指人工栽培的，可应用于室内外环境布置和装饰的，具有观赏、组景、分隔空间、装饰、庇荫、防护、覆盖地面等用途的植物总称。

园林植物是园林重要的构成元素之一，园林植物景观设计是园林总体设计中的一项单项设计，是一个重要的不可或缺的组成部分。园林植物与山石、地形、建筑、水体、道路、广场等其他园林构成元素之间互相配合、相辅相成，共同完善和深化园林总体设计。

对园林植物景观设计，目前国内外尚无明确的概念，但与其相关的名词很多，如植物配置、植物造景等，虽然内容都与植物景观设计有关，但还是有所差异，主要表现在侧重点不同。朱钧珍在《中国大百科全书·建筑　园林　城市规划》中指出："园林植物配置是按植物的生态习性和园林布局要求，合理配置园林中的各种植物（乔木、灌木、花卉、草皮和地被植物等），以发挥它们的园林功能和观赏特性。"苏雪痕在《植物造景》中指出："植物造景，顾名思义就是应用乔木、灌木、藤本、草本植物来创造景观，充分发挥植物本身形体、线条、色彩等自然美，配置成一幅幅美丽动人的画面，供人们观赏。"
这两个概念的共同点都是把植物材料进行安排、搭配，以创造植物景观。而设计，
指在正式做某项工作之前，根据一定的目的要求，预先制订方法、图样等。

所以，园林植物景观设计的概念可以描述为，根据园林总体设计的布局
要求，运用不同种类的园林植物，按照科学性和艺术性的原则，合理布置安排
各种种植类型的过程与方法。成功的园林植物景观设计既要考虑植物自身的生
长发育规律、植物与生境及其他物种间的生态关系，又要满足景观功能需要，
符合园林艺术构图原理及人们的审美需求，创造出各种优美、实用的园林空间
环境，以充分发挥园林的综合功能和作用，尤其是生态效益，使人居环境得以
改善。

二、园林植物景观的特点

植物是有机生命体，这就决定园林植物景观在满足观赏特性的同时，与建
筑、园林小品等硬质景观存在本质的区别。

（一）景观的可持续性

植物生长状况直接影响植物景观建成效果,要依据当地的气候、土壤、水分、
光照等环境条件以及植物与其他生物的关系，合理安排绿化用地及植物的选用
与配置。植物自身以及合理的植物群落可以起到防风固沙、降噪除尘、吸收有
害气体、杀菌抗污、净化水体、涵养水源及保护生物多样性等保护、改善和修
复环境的作用，而这些功能随着时间的推移会逐步得到强化。因此，科学的植
物景观能更好地服务于生态系统的长期稳定，满足人们休闲、游憩观赏需要的
同时，促进人、城市与自然的持续、共生和发展。

（二）景观的时序性

植物自身的年生长周期决定植物景观具有很强的自然规律性和"静中有动"
的季相变化，不同的植物在不同的时期具有不同的景观特色。一年四季的生长
过程中，叶、花、果的形状和色彩随季节而变化，表现出植物特有的艺术效果。
如春季山花烂漫、夏季荷花映日、秋季硕果满园、冬季蜡梅飘香等。

在不同的地区或气候带，植物季相表现的时间不同，如北方的春色季相一
般比南方来得迟，而秋色季相比南方出现得早。所以，可以人工掌控某些季相
变化，如引种驯化、花期的促进或延迟等，将不同观赏时期的植物合理配置，
可以人为地延长甚至控制植物景观的观赏期。

（三）景观的生产性

植物景观的生产性可理解为植物景观满足人们物质生活需要的原料或产品的功能，如提供果品、药业、工业原料及枝叶工艺产品等。

油菜花海、麦浪、金色稻田风光是人们比较熟悉的农田景观，此类作物景观即可展现景观的生产性。观光农业是目前能够体现园林生产功能的产业，是农业、园林与旅游三大行业的交叉产物，融景观、生产、经济为一体。

（四）景观的社会性

园林植物景观的社会性指的是植物景观具有康复保健、有益于人类文化生活等功能。其中，文化功能包括纪念、教育、学习、科学研究等，身心健康功能包括休闲、观光、保健、医疗等。游憩带来效益，但属于次生功能，其直接功能是为参与者身心健康服务。与硬质景观有别的是植物景观具有保健、医疗方面的社会特性。

在现代城市中，茂密的植物景观享有"城市绿肺"的美誉，园林绿地设计尤其重视"植物氧吧"建设。不仅是因为植物自身有提供氧气、净化空气的功能，丰富的植物群落更具有造福人类健康的功能。研究表明，通过不同颜色、形态的观赏花木的视觉刺激，植物自身或与外界产生的声响如萧瑟之声、雨打芭蕉、松涛之声等的听觉刺激，芳香园、味觉花园等的嗅觉刺激，不同质地植物的触感刺激可以达到减轻压力、缓解病情、增强活力、提高认知、促进交流等一系列康复、保健功效。

园林植物景观不是孤立存在的，必须与其他景观要素如环境、水体、地形、园路、建筑等及其他生物乃至自然界生态系统结合起来，这样才能营造有益于人类、自然、环境和谐共处的可持续发展的绿色景观空间。

第二节 园林植物景观的功能

一、生态功能

园林植物是绿色基础设施的有机主体，具有较高的生态效益。如调节温度和空气湿度、制造氧气、保持水土、降噪、吸滞尘埃及有毒气体、杀菌保健等。城市绿地改善生态环境的作用是通过园林植物的生态效益来实现的。多种多样的植物材料组成了层次分明、结构复杂、稳定性较强的植物群落，使得城市绿地在防风、防尘、降低噪声、吸收有害气体等方面的能力明显增强。如在降温保湿方面，相关数据显示：城市绿化区域较非绿化区域，夏季温度低3～5℃，冬季温度则高2～4℃，绿地上空的湿度一般比无绿地上空要高出10%～20%。对于降噪功能，研究表明乔灌成行间隔种植比单一乔木树种效果好，群植比行列植植物群落效果好。雪松、广玉兰、樟树等乔木，圆柏球、夹竹桃、法青等灌木，马蹄金、麦冬、狗牙根等地被植物是降噪群落配置的优良材料。因此，在有限的城市绿地空间建植丰富的植物群落，是改善城市环境、建设生态园林的必由之路。

二、艺术功能

园林艺术就像绘画和雕塑艺术一样，可以在多方面对人产生巨大的感染力。植物种植艺术是一种视觉艺术，但它也能产生嗅觉、听觉、触觉等多方面的感受。利用植物可以创造景观，也可以烘托构筑物、衬托雕塑等园林小品。

三、空间构筑功能

在室外环境的布局与设计中，可以利用植物、建筑、地形、山石和水体来组织空间。植物的空间营造功能是指它能充当构成要素，成为室外环境的空间围合物，像建筑的地面、顶棚、围墙、门窗一样来限制和组织空间，形成不同的空间类型，这些因素影响和改变人们的视线。植物除了能做空间营造的构成因素外，还能使环境充满生机和美感。

四、时序表达功能

园林植物是活的有机体，能随着季节变化表现出不同的季相特征，使得同一地点在不同时期产生某种特有景观，给人不同的季节和空间感受。园林植物随着季节变化表现出不同的季相变化，是植物景观最为生动的、直观的变化，在一年四季里"春则花柳争妍，夏则荷榴竞放，秋则桂子飘香，冬则梅花破玉"，植物衰盛荣枯的生命变化过程为创造景观四时演变的时序变化提供了条件。因此，通常不宜单独将季相景色作为园景中的主景，为了加强季相景色的效果应成片、成丛地种植，同时也应安排一定的辅助观赏空间避免人流过分拥挤，处理好季相景色与背景或衬景的关系。

在城市景观中，植物是季相变化的主体，季节性的景观体现在植物的季相变化上。现代城市园林景观是人们感受最为直接的景致，也是唯一能使人们感受到生命变化的风景。其景观的丰富度会对人们的生活和精神产生深远的影响。

利用园林植物表现时序景观，必须对植物材料的生长发育规律和四季的景观表现有深入的了解，根据植物材料在不同季节中的不同景色来创造丰富的园林景观供人欣赏，引发人们的不同感受。如西湖风景区，苏堤春晓的桃、柳，早春蓓蕾含笑、青丝拂堤；花港观鱼的牡丹，暮春群芳争艳、妩媚多彩；曲院风荷的荷花，夏日芙蓉挺水、风摇荷盖；满觉陇的桂花，中秋树洒桂雨、芳香飘逸；雷峰夕照的丹枫，晚秋满目红叶，绚丽如霞；孤山的梅花，冬天寒雪怒放、迎霜傲雪。西湖风景区由于突出了植物时序景观特色，而使山光水色更加迷人。

五、文化功能

植物作为园林的主要构成要素，不但能起到绿化美化、空间构成等作用，还担负着文化符号的角色以及传递设计者所寄予的思想感情。在漫长的植物栽培历史过程中，植物与人类生活的关系日趋紧密，加之与各地文化相互影响、相互融合，衍生出了与植物相关的文化体系，即透过植物这一载体，反映出的传统价值观念、哲学意识、审美情趣、文化心态等，这在中国古典园林中表现得最为突出。深刻的文化内涵、意境深邃的植物配置手法也是我国古典园林闻名于世的鲜明特色。

受儒家文化"君子比德"思想的影响，中国古典园林特别是江南私家园林的园主或文人墨客常常结合自己的亲身感受、文化修养、伦理观念以及植物本身的生态习性等，各抒己见地赋诗感怀，极大地丰富了植物本身的文化色彩，不同植物被赋予不同情感内涵，如牡丹一向是富贵的象征，杏花意寓幸福，木棉是英雄树，柳树代表依依惜别，桃李象征门徒众多等。植物的文化内容还可以运用匾额、楹联、诗文、碑刻等形式来表现，起到画龙点睛的作用。还能够使欣赏者从眼前的物象，通过形象思维展开自由想象，进而升华到精神的高度，产生"象外之象""景外之景""弦外之音"的高深境界。如拙政园荷风四面亭，坐落在园中部池中小岛上，四面环水，莲花亭亭净植，岸边柳枝婆娑。亭中抱柱联为"四壁荷花三面柳，半潭秋水一房山"，造园者巧妙地利用楹联点出了主题，无论在哪个季节都能使人沉浸在"春柳轻，夏荷艳，秋水明，冬山静"的意境之中。

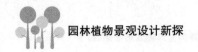

第三节　园林植物景观设计发展简史

一、国外园林植物景观

在西方，园林随着时代的发展而演进，历经古代园林、中世纪园林、文艺复兴时期园林、勒诺特尔式园林、风景式园林、风景园艺式园林和现代园林等阶段。在这个漫长的发展演进过程中，植物景观随着人们对园林功能要求的发展变化，植物景观的主要功能和主要设计手法也在不断地变化和发展，其功能概括起来主要有以实用园和在庭院中栽植经济作物为主的生产功能，以列植、庭荫树、遮阴散步道、林荫大道、林园、浓荫曲径为设计手法的遮阴营造小气候功能，以迷园、花结园、柑橘园、水剧场和各类花坛为设计手法的游乐、赏玩功能等。还用绿丛植坛和树畦作为空间过渡，用丛林营造开闭空间，将植物修剪成舞台背景和墙垣栏杆、绿毯和绿墙等多种形式，还可作为室外建筑材料等。

古代园林时期，古埃及的植物景观功能主要是遮阴、生产和装饰；古希腊和古罗马的植物景观功能增加了赏玩和游乐功能。中世纪园林时期，植物景观功能没有大的变化，仍是以遮阴、生产、装饰、赏玩和游乐为主。文艺复兴园林时期，植物景观功能有了大的发展，植物景观开始用于组织空间和作为室外建筑材料。勒诺特尔式园林时期，植物的生产功能不再成为重点，游乐、组织空间和作为建筑材料的功能得到更广泛的应用。风景式园林时期，植物景观注重遮阴和组织空间。风景园艺式园林时期遮阴、赏玩和装饰成为植物景观的主要功能。

1873年纽约中央公园的建成是现代公园的开端。西方现代植物景观设计中，除了保留发展了原有功能，也舍弃了过去过于复杂的配置方式，同时开始倾向于由一些特点突出的乡土或规划植物与其生境景观组成自然景色，如在一些城市环境中种植一些美丽而未经驯化的当地野生植物，与人工构筑物形成对比，在城市中心的公园中设立自然保护地，展现荒野和沼泽的景观。

二、中国园林植物景观

中国具有悠久的园林历史，特别是中国古典园林，推动了世界园林的发展。在中国传统园林中，从应用类型分类，更侧重遮阴、营造山林气氛，植物单体如盆景、孤植树在庭园中的广泛运用。古代造园家抓住自然中各种美景的典型特征，提炼剪裁，把峰峦沟壑利用乔、灌、草、地被植物再现在小小的庭园中。在二维的园址上突出三维的空间效果，"以有限面积，造无限空间"，创造"小中见大"的空间表现形式和造园手法，以建筑空间满足人们的物质要求；以清风明月、树影扶摇、山涧林泉、烟雨迷蒙的自然景观满足人们的心理需求，以自然山石、水体、植被等构成自然空间，构成令人心旷神怡的园林气氛。园林建造者把大自然的美浓缩到园林中，使之成为大自然的缩影，它"师法自然而又高于自然"。中国古典园林按照其隶属关系可以分为皇家园林、寺观园林和私家园林。

中国古代的皇家园林作为封建帝王的离宫别苑，规模宏大、建筑雄伟、装饰奢华、色彩绚丽，象征着帝王权力的至高无上。经过长期的选择，古拙庄重的苍松翠柏常常与色彩浓重的皇家建筑物相互辉映，形成了庄严雄浑的园林特色。另外，在中国皇家园林中，植物通常被认为是吉祥如意的象征。如在园林中常用玉兰、海棠、迎春、牡丹、桂花象征"玉堂春富贵"，紫薇、榉树象征高官厚禄，石榴寓意多子多福等。这些都充分体现出人们希望官运亨通、世代富贵的愿望。

寺庙园林是指附属于佛寺、道观或坛庙祠堂的园林，也包括寺观内部庭院和外围地段的园林化环境。寺观园林中果木花树多有栽植，除具有观赏特性外，往往还具有一定的宗教象征寓意。佛教规定的"五树六花"在傣族寺院中是必不可少的，"五树"是指菩提树、大青树、贝叶棕、槟榔、糖棕或椰子，"六花"是指荷花、文殊兰、黄姜花、黄缅桂、鸡蛋花和地涌金莲。此外，寺庙园林中也常选用松柏、银杏、樟树、槐、榕树、皂荚、柳杉、揪树、无患子等。除了精心选择、配置的园林植物以外，寺庙园林还常利用平淡无奇的当地野生花卉和乡土树种，使寺庙与自然环境融为一体，达到"虽由人作，宛自天开"，"视道如花，化木为神"，从而产生既有深厚文化底蕴又具蓬勃生机的园林艺术效果，为园林领域写下精彩夺目的华丽篇章。

私家园林是贵族、官僚、富商、文人等为自己建造的园林，其规模一般比皇家园林要小得多，常用"以小见大"的手法以含蓄隐晦的技巧来再现自然的美景，寄托园主失意或逃避现实的思想感情。江南私家园林最突出的代表是苏州古典园林。苏州古典园林多为自然山水园或写意山水园，崇尚自然，讲究景观的深、奥、幽，追求朴素淡雅的城市山林野趣，植物景观注重"匠"与"意"的结合，通过植物配置来体现诗画意境。常用方法主要有以下几种：按诗文、匾额、楹联来选用植物材料；按画理来布置植物素材；按色彩、姿态选材。在长期的造园实践中形成了植物配置的固定程式，如院广堪梧、槐荫当庭、移竹当窗、栽梅绕屋、高山栽松、山中挂藤、水上放莲、修竹千竿、堤弯宜柳、悬葛垂萝等，对现代园林植物景观设计具有很大的指导意义。

由于特殊的历史原因，我国现代园林的发展起步较晚，1978 年改革开放后随着经济的发展，造园运动再度兴起。如早期的杭州花港观鱼公园，是中国古典园林与现代园林景观有机结合的杰出代表，植物景观异常丰富，植物品种以常绿乔木为主，配置侧重于林相、文化内涵以及因地制宜，景色层次分明，季相变化丰富多彩，传统园林之对景与借景、分景与框景等手法运用恰当合理。20 世纪 80 年代中期，我国现代公园开始重视运用植物造景，将丰富的形态与色彩变化融入公园的艺术构图中，充满大自然的活力。90 年代以来，我国园林建设的目标是建设生态园林，植物材料的应用范围从传统的建筑物周围种植、假山上种植，发展到行道树、绿篱、广场遮阴、空间分割等，从传统的花台发展到花坛、花境、室内花园、屋顶花园等造景方式，极大地丰富了植物景观及其功能。目前，园林已经超越了传统园林设计过于关注形式、功能及审美的价值取向，而转为关注生命安全、生存环境和生态平衡的价值取向。

第二章 园林植物景观设计的原则与方法

园林植物景观设计是指园林植物间的配置，即按植物生态习性和园林布局要求，合理配置园林中各种植物，创造与周围环境相协调的、具有一定功能和观赏特性的园林植物景观。植物景观设计也可称为植物种植设计、植物造景。

在园林构成要素中，植物是最重要的元素之一。植物景观设计是园林规划与设计的重要内容之一，是宏观上调控园林整体性空间的根本元素。在很大程度上，植物奠定了场地的特色，构筑了能够满足多种使用功能需要的休闲活动空间。

园林是一个非常复杂的学科，它既要求有实用性又要求有艺术性，植物景观设计必须是科学性与艺术性两方面的高度统一。在进行植物景观设计时，必须在充分了解园林植物的生物学习性和生态学习性的基础上，通过艺术构图原理体现出植物个体及群体的形式美及意境美，创造出优美的景观效果，使生态、经济、社会效益并重。

第一节 植物在景观设计中的作用

一、植物在组织空间中的作用

创造空间是园林设计的根本目的。园林中以植物为主体，经过艺术布局组成各种适应园林功能要求的空间环境，称为园林植物空间。

在园林植物规划之中已厘清了各植物景区之间的功能关系及其与环境的关系，在此基础上还需将其转化为可用的、符合各种使用目的的植物空间。规划是平面的布置，而设计才是立体空间的创造。

利用植物的各种天然特征如色彩、姿态、高度、质地、季相变化等，可以构成各种各样的自然空间。设计中既要考虑空间本身的质量和特征，又要把所

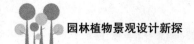

有单个园林植物空间连接成一个调和的统一体以得到最好的外观。

（一）植物空间及其构成要素

"地""顶""墙"是构成空间的三大要素，地是空间的起点、基础；墙因地而立，或划分空间或围合空间；顶是为了遮挡而设。地与顶是空间的上下水平界面、墙是空间的垂直界面。与建筑室内空间相比，园林外部空间中顶的作用要小些，墙和地的作用要大些。

设计师可以将每一个园林空间作为一个"室外房间"来设计围墙、天花以及地面，以最大限度地满足不同园林空间功能及环境的需要。

地面和园林用地的安排关系紧密，因为我们最关心的园林中各项功能就落实在空间地面上。我们从一个项目的规划中所看到的就是将什么放于这个地面上。项目规划不仅要确立各类用途，也要确立规划上不同用途彼此间的关系。

园林空间的地面可以是草坪、地被、水面、硬质铺装等，这主要根据空间的使用功能和景观要求确定。如宽阔的草坪可供散步、坐卧、游戏；空透的水面、成片种植的地被物可供观赏；硬质铺装地面可开展多种休闲活动；道路可疏散和引导人流等。通过精心推敲的形式、图案、色彩和起伏可以获得丰富的环境景观，提高空间的质量。

在大多数园林中，开阔的草坪给人一种开敞的空间感。在园林中，草坪是地面覆盖材料的首选，因而使得草坪成了一个凉爽舒适的，可以走、坐、卧的地面，在阴凉的秋季和寒冷的冬季，绿色的草坪还可以保持午后的温度。对于一些规则式的观赏草坪，四周缺乏高大的围合材料，但通过草坪植物的种植暗示着一种领域性空间的存在。

草坪与硬质材料铺装的结合还能显示不同质感的比对，形成材料变化的韵律节奏感。在某些现代化的城市广场空间，整个地面的图案由草皮和硬质铺装两种材料组成，一硬一软、一明一暗，地面的平面构图十分简洁明快，有一种与现代城市景观相和谐的气氛。

另外，还须注意，每个区域空间的长宽比例也很重要。一般来说，对于园林植物空间的地面形状，宽一些会比深一些看上去更好。譬如，一个纵深、狭窄的用地如果分成块后，看上去就会更好些，因为这样比原来会显得更宽一些。这个原则可以应用于设计过程中的区域划分。在选择主体空间时，也要记住在比例上宽度大于深度是合适的。

1. 空间中的垂直物

垂直要素是空间的分隔者、屏障、挡板和背景。由许多植物组团混合形成的垂直结构在立面高度上能够满足园林围墙的功能（屏障、防风、围合），同时又有别于建筑墙体，能创造一种宜人的线型。

园林植物非常适合用于围合、分隔或者烘托场地的不同功能空间及空间的连接通道。植物将功能区转化成功能空间。通过它们相关的特性以及它们的色彩、质地、形态，植物可以赋予每一空间与其功能相适的特征。通过植物围合可能将空间分成更合比例的形状。

植物材料的高矮、树冠的形状和疏密，种植的方式决定了空间围合的质量。分枝点高于视线的乔木围合的空间较空透；乔灌木分层围合的空间较封闭；交错种植、种植间距小、树冠较密的情况下围合的空间较封闭。另外，所围合空间的垂直视角对空间封闭性也有影响，当视角大于45°时空间十分封闭，当视角小于18°时空间渐趋开敞。

通常，我们如果要将兴趣引向植物空间内部的一个景物时，就须增加植物材料的设计与数量，以增强围合要素使注意力向内集中。当要将兴趣引向外部事物或风景时，植物围合就需洞穿或开放，以便强化且框住那些引人注目的事物。

2. 空间中顶面的处理

塑造园林外部空间时，我们可以把顶面当作自由的，一直延伸与树冠或天空相接。开阔无垠的蓝天适合于更多的园林空间作为顶棚，它同时具有欣赏白昼时天空流云的形状及夜晚群星闪烁的特点；当然由大树枝叶、藤本枝叶密布的棚架顶形成的顶面显得柔和而自然；各种材质的网织物、各种几何镂空的亭廊顶等构成的空间顶面则更为现代而多变。

园林植物空间的顶面可轻盈，如半通透的织物或叶子组成的格网；也可坚固，如钢筋混凝土横梁或厚板。它们可以通过自身的透明度或格网的疏密来控制光线的质与量。通常，空间的天棚要保持简洁，因为它更多的是用于感受而较少用于观看。

（二）植物空间的类型

每个空间都有其特定的形状、大小、构成材料、色彩、质感等构成因素，它们综合地表达了空间的质量和空间的功能作用。一般来说，园林植物构成的景观空间可以分为以下几类。

1. 开敞空间

开敞空间是指在一定区域范围内人的视线高于四周景物的植物空间，一般

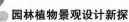

由低矮的灌木、地被植物、草本花卉、草坪可以形成开敞空间。开敞空间适合人群的聚集、活动、交往、休息等需要。在开放式绿地、城市公园等园林类型中非常多见，如草坪、开阔水面等，其视线通透、视野辽阔，容易让人心胸开阔、心情舒畅，产生轻松、自由的满足感。在较大面积的开阔草坪上，除了低矮的植物以外，如果散点种植几株高大乔木也并不阻碍人们的视线，这样的空间也称得上开敞空间。

2. 半开敞空间

半开敞空间是指在一定区域范围内，周围并不完全开敞，而是有部分视角被植物遮挡起来，根据功能和设计需要，开敞的区域有大有小。从一个开敞空间到封闭空间的过渡就是半开敞空间，它也可以借助地形、山石、小品等园林要素与植物配置来共同完成。半开敞空间的障景能够阻隔人们的视线，从而引导空间的方向。

3. 封闭空间

封闭空间是指人的视线被四周植物屏障的空间。当人处在四周用植物材料封闭、遮挡的区域范围内时，其视距缩短，视线受到制约。四周屏障植物的顶部与视线所成的角度越大，人与屏障植物越近，则封闭性越强。封闭空间近景的感染力加强，容易产生亲切感和宁静感。在植物营造的相对封闭的静谧空间中，人们可以进行读书、静坐、交谈、私语等安静性活动。

封闭空间的尺度往往较小，私密性较强，在园林中与开敞空间同样为人所需要。正如有人说过，在我们当代文明中，私密将很快成为最有价值且最稀有的商品。私密性可以理解为个人对空间接近程度的选择性控制。人对私密空间的选择可以表现为希望一个人独处，按照自己的愿望支配自己的环境；或几个人亲密相处而不愿意受到他人干扰。植物是创造私密性空间最好的自然要素。

在道路、广场、草坪的局部边缘，通过应用植物隔离营建一些小尺度空间，在密林、疏林的局部开辟出少量的空旷地域均可营建出自然、舒适的，适合少量人群进行交谈、活动、休憩的空间。而对于用植物围合庭院或私家花园的优势则更明显而有效。寻求私密的围合不需要完全闭合。一个设置得当的树丛屏障或一些分散安排的灌木就足以保证私密性。

4. 纵深空间

狭长的空间称之为纵深空间，用植物封闭道路或河道两侧垂直面，就构成了纵深空间。那些分枝点较低、树冠紧凑的中小乔木形成的树墙、树列、树丛、树林等都可以用来构成纵深空间。由于垂直空间两侧几乎完全封闭，视线的上部和前方较开敞，很容易产生"夹景"的效果，可以引导游人的行走路线，并且突出空间前端的主体景物。

此外，空间尺度还有大小之分，空间的大小应视空间的功能要求和艺术要求而定。大尺度的空间气势壮观，感染力强，常使人肃然起敬，多见于宏伟的自然景观和纪念性空间。中小尺度的空间较亲切怡人，适合于大多数活动的开展，在这种空间中交谈、漫步、休憩常使人感到舒坦、自在。

为了塑造不同性格的空间就需要采用不同的处理方式。宁静、庄严的空间处理应简洁、流动、活泼。

（三）植物空间的划分

植物空间的划分主要由平面上的林缘线和立面上的林冠线设计来完成。

1. 林缘线设计

所谓林缘线，是指树林、树丛或花木边缘树冠垂直投影于地面的连接线（太阳垂直照射时，树冠投影的边缘线）。是植物配置在平面构图上的反映，是植物空间划分的重要手段。空间的大小、景深、透视线的开辟，气氛的形成等大都依靠林缘线设计。

如在大空间中创造小空间，首先就是林缘线设计，一片树林中用相同或不同的树种独自围成一个小空间，就可以形成如建筑物中的"套间"般的封闭空间，当游人进入空间时，产生"别有洞天"之感。也可以仅仅在四五株乔木之旁，密植花灌木（植株较高的）来形成荫蔽的小空间。如果乔木选用的是落叶树，则到了冬天这个荫蔽的小空间就不存在了。

林缘线还可将面积相等、形状相仿的地段与周围环境、功能、立意要求结合起来，创造不同形式与情趣的植物空间。

2. 林冠线设计

所谓林冠线是指树林或树丛空间立面构图的轮廓线。平面构图上的林缘线并不完全体现空间感觉，因为树木有高低的不同，还有乔木分枝点的差异，这些都不是林缘线所能表达的。而不同高度树木所组合的林冠线，决定着游人的视野，影响着游人的空间感觉。当树木高度超过人的视线高度，或树木冠层遮挡了游人的视线时，就会让人感受到封闭，如低于游人的视线时，则感受到空间开阔。

同一高度级的树木配置，形成等高的林冠线，平直而单调，简洁而壮观，表现出某一特殊树种的形态美。如雪松树群的挺拔、垂柳树丛的柔和等。不同高度的树木配置，则可形成起伏多变的林冠线，在地形平坦的植物空间里，林冠线的构图不仅要求有起伏、有韵律、有重点，而且要注意四季色彩的变化。

林冠线设计还要与地形结合，同一高度级别的树群，由于地形高低不同，林冠线仍有起伏。而乔木与灌木、落叶与常绿、快长与慢长的不同特性，又都能使林冠线变化多端。这是在设计林冠线的艺术构图时，必须仔细考虑的。

由此可见，林缘线与林冠线所产生的空间感觉，由于树木的种类、树龄、生长状况以及冬、夏季树木形态的不同而差别很大，所以说，林缘线与林冠线是植物空间设计的基础。

3. 空间主景

经过精心设计的园林植物空间，一般都设有主景，这种主景的题材、形式各不相同，但多数由具有特殊观赏价值的园林植物构成。

根据植物空间的大小，可以选择树体高大、宏伟或独特、优美的乔木、灌木，以孤植树、树丛的形式配置于空间的构图重心，作为空间的主景。同时还起到增加景深的作用。主景的设置还必须考虑环境与植物种类选择与配置的关系。

有些大面积的植物空间主景，不是以单纯的植物为主景，而是以亭子、假山以及四季有花的大树丛综合组成的一块小园林为主景。在这个主景内可游、可憩，四季都有不同的景观可观赏，是综合性的主景；也有的是以单独的建筑物、置石、雕塑小品等形成空间里十分突出的主景。

（四）植物空间的组织与联系

在园林设计中除了利用植物组合创造一系列的不同的空间之外，有时还需要利用植物进行空间承接和过渡。

为了获得丰富的园林空间，应注重植物空间的组织与联系。空间的对比是丰富空间之间的关系，形成空间变化的重要手段。当将两个存在着显著差异的空间布置在一起时，由于大小、明暗、动静、纵深与广阔、简洁与丰富等特征的对比，而使这些特征更加突出。没有对比就没有参照，空间就会单调、索然无味；大而不见其深，阔而不显其广。例如，当将幽暗的植物小空间和开敞的植物大空间安排在空间序列中时，从暗小的空间进入较大的空间，由于小空间的暗、小衬托在先，从而使大空间给人以更大、更明亮的感受，这就是空间之间大小、明暗的对比所产生的艺术效果。

当将一系列的园林植物空间组织在一起时，还应考虑空间的整体序列关系，安排游览路线，将不同的空间连接起来，通过空间的对比、渗透、引导、创造富有性格的空间序列。在组织空间、安排序列时应注意起承转合，使空间的发展有一个完整的构思，创造一定的艺术感染力。

二、植物在景观构成中的作用

（一）不同植物种类的景观构成特点

1. 乔木

乔木具有体形高大、主干直立、枝叶繁茂、分枝点高、寿命长的特点。是种植设计中的基础和主体，乔木选择和配置得合理就可形成整个园景的植物景观框架。乔木分为常绿乔木和落叶乔木两大类，同时，乔木因高度差异又主要分为小乔木（6～10m）、中乔木（11～20m）、大乔木（21m以上）。

乔木的景观功能表现为作为植物空间的划分、围合、屏障、装饰、引导以及美化作用。常绿乔木遮阳效果好，四季常青，保持着绿地常年的基本色调；落叶乔木生长季为绿色，深秋叶色变化，冬季落叶后，枝叶能透射阳光，增加了园林中季相变化。

树木的体型大小、分枝点的高低会产生不同的空间感。大乔木可以在风景区、各大公园、广场、大型住宅区、城市主干道旁等进行成片种植，气势雄伟，空间划分效果非常明显；在一般情况下，选用乡土树种中高大荫浓的大乔木作为基调树来统一场地；高大乔木是最容易引人注目的，它们构成了最显著的地域特征和标志。它们还可以遮阳蔽阳，使建筑线条更柔和，充当空间的顶面。

中小乔木包括许多比较优秀的基调植物和装饰植物，可用作特别的孤赏树。中乔木尺度适中适合做主景之用；还具有包容中小型建筑物或建筑群的围合功能，适宜作为背景；也可用来划分空间作为障景和框景。种植中小乔木充当低空屏障，既可阻挡冬季寒风，又可引导夏季凉风。作为分隔框架，特别适用于把大场地细分为小的功能区和空间。小乔木高度适中，最接近人体的仰视视角，适宜配置于人群集中活动空间和建筑物周围。

2. 灌木

灌木具有体形低矮、主干不明显、枝条成丛生状或分枝点较低、开花或叶色美丽等特点。所以灌木是非常重要的植物景观设计材料，多与乔木配置成立体树木景观。灌木常孤植、丛植、群植为小空间的植物主景；作为低视点的平面构图要素，也可构成较小前景的背景；可以大面积种植形成群体植物景观，丰富城市景观；生长缓慢的灌木经过整形修剪，造型别具一格，使人耳目一新；

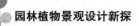

还可作为绿篱、绿墙等，既可围合空间，还可在一些场合用作迷园的布置；用灌丛作为补充的低层保护和屏障，可用来屏蔽视线、防止破坏景观、避免抄近路、强调道路的线型和转折点、引导人流等。

因为灌木植株低矮，尺度较亲切，所以灌木为建筑周围绿化的主要装饰材料，多为人们休憩空间周围的静态观赏景观，或道路两侧的近景。灌木多处于人们的常视域内，植物景观要能耐细看，所以在灌木设计上尚须注意以下要点：

①灌木布置要顺应地形起伏，而非与道路平行。

②灌木最好成自然式的成组布置，而不是线状或成片。成片种植仅限于矮杜鹃和小栀子这类用作地被的灌木。

③浓绿的常绿灌木在灌木群中应占主要地位，如大杜鹃、冬青、栀子、茶花等，特色灌木则点缀其间，如紫荆、洒金东瀛珊瑚、红瑞木等。

④大灌木布置避免单调，必须用不同规格组合，而非单一规格；大灌木前必须有较小的常绿灌木遮挡其下部枝条；较高的植物配在较矮灌木之后。

⑤灌木间搭配时有细微的叶色对比更佳。如红枫配红叶小檗就很好，但不可用红叶南天竹配浅绿色的矮连翘。

乔木与灌木搭配种植是园林树木最基本的配置结构，在乔木与灌木组合配置树丛或树群时，乔木种类不宜太多，以 1～2 种作为基调，并有一定数量的小乔木和灌木作为陪衬。群落内部的树木组合必须符合生态要求，从观赏角度来讲，高大的常绿乔木应居于中后侧作为背景，花色艳丽或叶色奇特的小乔木应在其前面或外缘，然后是大灌木、小灌木，避免互相遮掩。注意林冠线要起伏错落，水平轮廓要有丰富的曲折变化，树木栽植的距离要有疏有密，外围配植的灌木、草本地被植物都要成丛分布，交叉错综有断有续。

3. 藤本

不同种类的藤本植物可以被种植用来护坡固沙；可作为墙面绿化、美化材料，为暴露的外墙增添绿意；或把藤本植物作为网状物和帘幕，形成一道悬挂于墙壁和篱笆的花和叶的瀑布；在底层地面上种植藤本地被植物，以保持水土、界定道路和利用区，它们就像是铺于地面之上的一层地毯。

（二）基调树种、骨干树种及一般树种的作用

在园林植物规划中，对于所有大面积的种植，应首先选出基调树种、骨干树种以及一般树种。这一程序有助于形成简洁而有力度的种植。

基调树种指各类园林绿地均要使用的、数量最大，能形成全城统一基调的树种，一般以 1～4 种为宜。骨干树种指在对城市影响最大的道路、广场、公

园的中心点、边界等地应用的孤赏树、绿荫树及观花树木。骨干树种能形成全城的绿化特色，一般以 20～30 种为宜。

选择作为园林基调树种的类型应当是中等速生的，而且无须太多管理就能长势良好的乡土树种。对于这些树要采取丛植、列植和群植的种植方式，以形成"大型树木框架"和整体的场地结构；利用骨干树种来补充基调种植，以及在较小尺度内构筑场地空间。在选择骨干树种时，应能使其在为每一空间带来自己的特质的同时，与基调树种和自然景观特征相协调；恰当地利用一般树种来划分或区分出具有独一无二景观特质的区域。这种独特性可以指地形，如山脊、洼地、高地、沼泽；可以指利用类型，如街道或住宅小区庭园、幽静的花园空间，或一个喧嚣的城市广场绿地；还可以指特殊用途，如密密的防风林、绿荫地或季相色彩。

一般在道路绿化植物种类的选择上，在住宅区和园林中主干道或主环线上可以自由地群植一些骨干树种。住宅小区道路和园林中的次要道路是一种过渡式导引，但是每一种都应利用一般树种（或其他植物）来获得自己的特色，这些一般树种应与土地利用、地形及建筑物十分和谐。

（三）植物主景与背景

植物材料可作为主景，并能创造出各种主题的植物景观。但作为主景的植物景观要有相对稳定的形象，不能偏枯偏荣。

植物材料还可作背景，但应根据前景的尺度、形式、质感和色彩等决定背景植物材料的高度、宽度、种类和栽植密度以保证前后景之间既有整体感又有一定的对比和衬托。背景树一般宜高于前景树，栽植密度要大，最好形成绿色屏障，色调则宜深或与前景有较大的色调和色度上的差异，以加强衬托效果。背景植物材料一般不宜用花色艳丽、叶色变化大的种类。

（四）植物材料与视线安排

利用植物材料创造一定的视线条件可增强空间感、提高视觉和空间序列质量。安排视线不外乎两种情况，即引导与遮挡。视线的引导与遮挡实际上又可看作景物的藏与露。根据视线被挡的程度和方式可分为以下几种情况。

1. 全部遮挡

全部遮挡一方面可以挡住不佳的景色，另一方面可以挡住暂时不希望被看到的景物内容以控制和安排视线。为了完全封闭住视线，应使用枝叶稠密的灌木和小乔木分层遮挡并形成障景。设置植物屏障来遮挡不雅景致，消除强光，

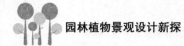

降低噪声。它们在不同季节及不同生长期内的效果是一个值得考虑的因素。

2. 漏景

稀疏的枝叶、较密的枝干能形成面，使其后的景物隐约可见，这种相对均匀的遮挡产生的漏景若处理得好便能获得一定的神秘感，因此，可组织到整体的空间构图或序列中去。

3. 框景

部分遮挡的手法最丰富，可以用来挡住不佳部分，吸收较佳部分。通常，远处的物体可通过向其开放、利用两侧种植植物形成镜框且聚焦于特定目标，将其引入植物空间以形成框景。远处的山峰或近旁的树木就可这样借入园林，这样不仅扩大了空间领域，还丰富了空间层次。框景宜用于静态观赏，但应安排好观赏视距，使框与景有较适合的关系，只有这样才能获得好的构图。

另外，也可以通过引导视线、开辟透景线、加强焦点作用来安排对景和借景。总之，若将视线的收与放、引与挡合理地安排到空间构图中去，就能创造出有一定艺术感染力的空间序列。

（五）其他作用

借助配植技巧来对地形进行弥补，景观的视觉效果会有很大的提高。例如，在地势较高处种植高大乔木，在低洼处布置较低的植物，能使地势显得更加高耸；反之，高大乔木植于低洼处，而低矮植物种植高处则可以使地势趋于平缓，可起到减弱地形变化的作用。在园林景观营造中，可以结合人工地形的改造巧妙地配置植物材料，形成陡峭或平缓的园林地形，能对景观层次的塑造起到事半功倍的效果。对于相同的地形来说，如果进行不同类型的植物配置，还可以创造出完全不同的景观效果。

植物材料除了具有上述的一些作用外，还具有丰富过渡或零碎的空间、增加尺度感、丰富建筑物立面、软化过于生硬的建筑物轮廓等作用。城市中的一些零碎地，如街角、路侧不规则的小块地，特别适合用植物材料来填充，充分发挥其灵活的特点。植物材料种类繁多，大小不一，能满足各种尺度的空间的需要。大面积的种植具有一定的视觉吸收力，可以同化一定规模的不佳景色或杂乱景观。

第二节 园林植物景观设计的原则

一、生态学原则

构成园林绿地的主要素材是园林植物，其中的园林树木需要经过数年、数十年甚至上百年的生长与培育，才能达到预期的效果。由于地域、气候、经济及人为因素的制约，不同城市植物种类的利用也受到不同的限制。

（一）生态适应性原则

在进行植物景观设计时，要根据设计的生态环境的不同，因地制宜地选择适当的植物种类，使植物本身的生态习性与栽植地点的环境条件基本一致，使方案能最终得以实施。

在各类绿地的规划与设计中尽量保存现有植被的措施是非常必要的。只要实际可行，街道、建筑物应当协调地布置在自然植被之间。这样景观连续性和风景质量就得以保证；场地种植施工和维护的费用得以降低；对比之下，建筑物、铺装地面和草坪反而会显得更丰富。

植物在长期的系统发育中形成了对不同地域环境的适应性，这些经过长期的自然选择而存活下来的植物就是地带性植物，也称乡土植物。在进行植物配置时应该借鉴本地自然环境条件下植物群落的种类组成和结构规律，合理选择配置植物种类。例如，高山植物长年生活在云雾弥漫的环境中，在引种到低海拔平地时，空气湿度是其存活的主导因子，因此将其配置在树荫下较易成活。所以植物配置时应根据所在地环境条件选择适合的植物，力图做到适地适树。

任何植物生长发育都不能脱离环境而单独进行。同样，环境中所包含的各种因子对于植物的生存有着直接或间接的影响。园林植物生长的好坏与后期管理固然重要，但栽植前生态环境的预测却直接关系到植物的成活与否。所以在园林建设中，必须掌握好各种植物的生态习性，将其应用到适宜的环境之中。例如，垂柳耐水湿，适宜栽植在水边，红枫弱阳性、耐半阴，阳光下红叶似火，但是夏季孤植于阳光直射处易遭日灼之害，故宜植于高大乔木的林缘区域；桃叶珊瑚的耐阴性较强，喜温暖湿润气候和肥沃湿润土壤，是香樟林下配置的良好绿化树种。

（二）物种多样性原则

在一个自然植物群落中，物种多样性不仅反映了植物种类的丰富度，也反

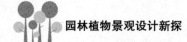

映了植物群落的稳定水平以及不同环境条件与植物群落的相互关系。物种多样性是群落多样性的基础，天然形成的植物群落一般由多物种组成，与单一物种的植物群落相比具有更大的稳定性，能更有效地利用环境资源。

1. 乡土树种与引种，驯化树种

园林植物配置应选择优良乡土树种为基调树和骨干树，积极引入易于栽培的新品种，驯化观赏价值较高的野生物种，同时，慎重而有节制地引进国内外特色物种，选择重点是原产于我国，但经过培育改良的优良品种，用它们丰富园林植物品种，形成色彩丰富、多种多样的景观。外来物种应被限制在经过良好改善的区域中。它们最好仅用在那些能受到精心照料而且不会减损自然景色的场所中。

要借鉴地带性植物群落的种类组成、结构特点和演替规律，合理选择耐阴植物，开发利用绿化空间资源，丰富林下植物，改变单一物种密植的做法，使自然更新种具有生存和繁衍空间，以快于自然演替的速度建立接近自然和符合潜在植被性的绿地。

2. 植物种类的多样性

城市中多为人工植物群落，因此在进行植物配置时，应该注重"物种多样性"原则，尽量避免采用单一物种的配置形式，物种多样性较高的园林植物群落不仅对环境及其变化有更好的适应调节能力，增强群落的抗逆性和韧性，有利于保持群落的稳定，避免有害生物的入侵，还可以提高群落的观赏价值，创造丰富的景观效果和发挥多样化的功能。只有丰富的物种种类才能形成丰富多彩的群落景观，满足人们不同的审美要求；也只有多样性的物种种类，才能构建不同生态功能的植物群落，更好地发挥植物群落的景观效果和生态效果。

3. 构建丰富的复层植物群落结构

构建复层植物群落结构有助于丰富绿地的生物多样性，充分利用空间。增加叶面积指数，提高生态效益，有利于提高环境质量，同时也有利于珍稀植物的保存。良好的复层结构植物群落能够最大限度地利用土地及空间，使植物充分利用光照、热量、水分、土肥等自然资源，产出比单纯草坪高数倍乃至数十倍的生态经济效益。复层结构群落能形成多样的小生境，为动物、微生物提供良好的栖息和繁衍场所，形成循环生态系统以保障能量转换和物质循环的持续、稳定发展。由乔木、灌木、草本植物组成的复层群落结构与单一的草坪相比，不仅植物种类有差异，而且在生态效益上也有着显著的差异。草坪在涵养水源、净化空气、保持水土、消噪吸尘等方面远不及植物群落，并且大量消耗城市有限的水资源，其养护管理费用较高。

多数自然群落不是由单一的植物区系所组成的，而是多种植物与其他生物的组合。在大型的城郊公园和风景区植物规划时尤其要重视生物多样性问题。从某种意义上讲，重视园林植物多样性是一个模拟和创建自然生态系统的过程。在植物景观设计时，可以营造多种类型的植物群落，在了解植物生态习性的基础上，要熟悉各种植物的多重功效，将乔木、灌木、草本、藤本等植物进行科学搭配，构建一个和谐、有序、稳定的立体植物群落。

（三）生态稳定性原则

对于一个植物群落，人们不仅要注意它的物种组成，还要注意物种在空间上的排布方式，也就是空间结构，充分考虑不同树种的生态位，选配生态位重叠较少的物种，避免种间直接竞争，并利用不同生态位植物对环境资源需求的差异确定合理的种植密度和结构，以保持群落的稳定性，形成结构合理、功能健全、种群稳定的复层群落结构，以利种间互相补充，既充分利用环境资源，又形成优美的景观。

（四）园林树种选择原则

综上所述，园林景观设计师在进行植物选择时，一定要遵循一些基本的原则。既可减少盲目性和不必要的损失，又能使一个城市具有自己的植物环境特色。

1. 要基本切合自然植被分布规律

所选树种最好为当地植被区内具有的树种或在当地植被区域适生的树种。如引种在当地尚无引种记录的树种，应充分比较原产地与当地的环境条件后再做出试种建议。对配置树群或大面积风景林的树种，更应以当地或相似气候类型地区自然木本群落中的树木为模本。

2. 以乡土树种为主

乡土树种是长期历史、地理选择的结果，最适合当地气候、土壤等生态环境，最能反映地方特色，最持久而不易绝灭，其在园林中的价值已日益受到重视。规划中也要选一些在当地经过长期考验、生长良好并具某些优点的外来树种。如悬铃木在长江流域的许多城乡已作为骨干树种应用。华南的榕树在重庆也较普遍。

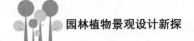
3.乔木、灌木、草本植物相结合

在园林植物的选择中，树木、花卉、草坪、地被应相结合，因地制宜地科学配置。力求以上层大乔木、中层小乔木和灌木、下层地被植物的形式，扩大绿地的复层结构比例。园林植物种植设计，在总体上应以乔木为主。为了创造多彩的园林景观，适量地选择常绿乔木是非常必要的，尤其是对于冬季景观的作用更为突出。

四季常青是园林普遍追求的目标之一。在考虑骨干树种，尤其是基调树种时，要尽量注意选用常绿树种。我国北方气温较低，冬季绿色少，做树种规划时更应注重常绿树，一般从针叶树中选择。

4.速生与慢生树种结合

速生树容易成荫，能满足近期绿化需要，但易衰老、寿命短，往往在20～30年后便会衰老。如无性繁殖的杨属、柳属树木及银桦、桉树等，见效快、衰老快，不符合园林绿化长期稳定美观的需要；慢生树种能生长上百年乃至上千年，但一般生长较慢，不能在短期内见效，但是绿化效果持久。二者结合，取长补短，可有计划地分期、分批过渡。

在树种比例的确定上，由于各个城市的自然气候不同，土壤水文条件各异，各城市树种选择的数量、比例也应具有各自的特点。例如，确定裸子植物与被子植物比例、常绿树种与落叶树种比例、乔木与灌木比例、木本植物与草本植物比例、乡土树种与外来树种比例、速生与中生和慢生树种比例等。在各地进行园林植物规划时，可参照本地的树种配置比例。如北京居住绿地树种规划中规定：合理确定速生树、慢生树的比例，慢生树所占比例一般不少于树木总量的40%；合理确定常绿植物和落叶植物的种植比例，其中，常绿乔木与落叶乔木种植数量的比例应控制在 1 : 3～1 : 4；在绿地中乔木、灌木的种植面积比例一般应控制在70%，林下草坪、地被植物种植面积比例宜控制在30%左右。

二、功能性原则

园林绿地具有生态、休闲、景观、防灾避险、卫生防护等功能。在进行园林植物配置时，应根据城市性质或绿地类型明确植物所要发挥的主要功能，要有明确的目的性。不同性质的地区选择不同的树种，能体现不同的园林功能，创造出千变万化、丰富多彩又与周围环境互相协调的植物景观。例如，以工业为主的地区，在植物景观设计时就应先充分考虑树种的防护功能；居民区中的植物景观设计则要满足居民的日常休憩需要；在一些风景旅游地区，自然的森林景观及其生态功能就应得到最好的体现。

任何园林景观都是为人而设计的，要体现以人为本的原则，应当首先满足人作为使用者的最根本的功能需求。因此要求设计者必须掌握人们生活和行为的普遍规律，明确设计的用途，使设计能够真正满足人的行为感受和需求，即实现其为人类服务的基本功能，只有明确这一点才能为树种选择和布局指明方向。

要做到选择的每一种植物应符合预期功能。有经验的设计师首先准备一张粗略的概念种植示意图来辅助决定详细的植物选择。这个示意图通常叠加在场地构筑物图纸上，在它上面分区、分片地勾画出外形轮廓、箭头和描述种植实现目的的注记，例如：某处需要树荫；保护体育场地看台免受强光的照射；为活动场地充当围护和屏风；前景处布置地被植物和春天的球根植物；以常绿植物为背景孤植观赏木兰；构成框景；隐藏停车场、仓库及其他服务设施；屏障遮挡不雅景致，消除强光，降低噪声等。概念示意图和注记越完整，进行植物选择越容易，最后的结果就越理想。

三、美学原则

在植物景观配置中，应遵循统一与变化、对比与调和、均衡与稳定、韵律与节奏、比例与尺度等基本原则，这些原则指明了植物配置的艺术要领。

（一）统一与变化

统一与变化是形式美的主要关系。统一意味着部分与部分及整体之间的和谐关系；变化则表明其间的差异。统一应该是整体的统一，变化应该是在统一的前提下的有秩序变化，变化是局部的。过于统一易使整体单调乏味、缺乏表情，变化过多则易使整体杂乱无章、无法把握。

园林植物景观设计的统一原则就是将各部分协调地组合在一起，形成一种统一一致的感觉。重复方法的运用最能体现出植物景观的统一感，在园林中反复使用同种植物材料，使它成为主调，并具有更大的影响，也能造成一种统一。某种植物形态的反复，可以使我们的视线在园林景观中舒服、平和地转移，人们可以悠然地观赏景物，如在道路绿带中栽植行道树，等距离配置同种、同龄乔木树种，或在乔木下配置同种花灌木，这种重复最具统一感。

为了防止单调，又必须谨慎地使用重复。变化便是常常用来打破重复并引发游人兴趣的另一个原则。变化的原则可以用在形态、色彩或质感上。变化会

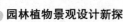

增加趣味并使设计师能够控制种植设计的风格气氛。通过园林中植物的形状、质感和色彩的变化，可以避免单调乏味，从而做到引人入胜。

总之，在植物配置时，要把握在统一中求变化、在变化中求统一的原则。如在竹园的景观设计中，众多的竹种均统一在相似的竹叶和竹竿的形状及线条之中，但是丛生竹与散生竹却有聚有散；高大的毛竹、慈竹或麻竹等与低矮的凤尾竹配置则高低错落；龟甲竹、方竹、佛肚竹的节间形状各异；粉单竹、黄金嵌碧玉竹、碧玉嵌黄金竹、黄槽竹、菲白竹等色彩多变。这些竹子经巧妙配置，能够很好地体现统一中求变化的原则。

北方地区常绿景观多应用松柏类植物，松类都是松针、球果，但黑松针叶质地粗硬、叶色浓绿；而华山松、乔松针叶质地细柔，淡绿；油松、黑松树皮褐色粗糙；华山松树皮灰绿细腻；白皮松干皮白色、斑驳，富有变化。柏科都具有鳞叶、刺叶或针叶，其种类有尖峭的台湾桧、塔柏、蜀桧、铅笔柏；圆锥形的花柏、凤尾柏；球形、倒卵形的球桧、千头柏；低矮而匍匐的匍地柏、砂地柏、鹿角桧等，充分体现出不同种类的万千姿态。

（二）对比与调和

调和是由同质部分组合产生的，这种格调是温和的、统一的，但往往变化不足，显得单调。对比是异质部分组合时由于视觉强弱的变化产生的，其特点与调和相反。

差异和变化可以产生对比的效果，具有强烈的刺激感，形成兴奋、热烈和奔放的感受。因此，在植物景观设计中，常用对比的手法来突出主题或引人注目，利用植物不同的形态特征如高低、姿态、叶形、叶色、花形、花色等的对比手法，衬托出主景的植物景观。例如，一般在住宅设计中总是希望住宅的前门能够吸引人的视线。因此，通常使用具有不同色彩、质感、形式且特点突出的植物来强调入口，从而达到这一效果。还有，在引人注目的植物景观周围配置形态、色彩平淡的植物，则起到衬托主体、强调重点的作用。

在植物景观设计中调和是更应该引起注意的景观属性，调和的景观使人感到舒适、放松。将具有近似性和一致性的植物配置在一起，就能产生协调感。在进行基调植物应用和较大面积植物群体景观配置时，均要强调植物种类之间的调和。

园林植物色彩的表现，一般体现为对比色、类似色、同类色的形式。对比色相配的景物能产生对比的艺术效果，给人以醒目的美感；而类似色就较为缓和，同类色配合最能获得良好的协调效果。如在花坛、绿地中常用橙黄的金盏菊和紫色的羽衣甘蓝配置，远看色彩热烈、鲜艳，近看色彩和谐、统一，具有较好的观赏效果和视觉冲击力；在栽植荷花的水面，夏季雨后天晴，绿色荷叶上雨水欲滴之时，粉红色荷花相继怒放，犹如一幅天然水墨画，给人一种自然、可爱的含蓄色彩美；在道路分车带的植物配置中，以疏林草地为主；夏季草坪的绿色也很清新宜人、和谐可爱；在秋季蓝色天空衬托下满树黄叶的银杏树景观令人过目不忘，同时，银杏的黄叶落在绿色的草坪上，黄绿色彩的交相辉映既壮观又协调，给人一种赏心悦目的感觉。

（三）均衡与稳定

我们总是下意识地在看到的所有景物中寻找平衡，平衡给人以稳定感。均衡可以是对称的，轴线两侧的要素完全相同；但也可以是不对称的，轴线两侧的要素不完全相同，但却在重置感上保持一致。这种重量感可以是物质上的也可以是视觉上的。

左右对称的均衡可以通过在入口的两侧、房子的两侧种植相同的植物来实现，就像镜子的两边一样。这种形式的均衡是严格的、规则的，因此不能用在自然式设计中。因为大多数园林中的功能和我们使用的建筑，其自身特征都是非规则的，只有很少数的园林环境需要对称的均衡。

使用形式均衡但大小不同的对象，可以创造非对称的均衡。例如，一棵乔木可以与三棵小灌木构成均衡。均衡不仅能被看出来，还能被感觉到。色彩能够通过增加景物的视觉重量来影响均衡。例如，在一个种植单元中，一边的浅色植物可以通过另一边几株大小相似但视觉重量较轻的植物实现均衡。

将体量、质地各异的植物种类按均衡的原则进行配置，景观就显得稳定。如色彩浓重、体量庞大、质地粗厚、枝叶茂密的植物种类，给人以重的感觉；相反，色彩素淡、体量小巧、质地细柔、枝叶疏朗的植物种类，则给人以轻盈的感觉。如当植物种植单元中的质感发生变化时，质感粗糙的植物就需要较多质感细腻的植物与之保持均衡。

均衡也适用于景深，在园林中应该始终保持前景、中景、背景之间的均衡关系。中景植物往往是主景，占据视觉焦点位置，数量与体量均较突出；前景与背景植物在各方面与中景应保持一种视觉与形体上的均衡关系。如果园林植物景观在景深上看起来是不均衡的，那么可能是其中之一出了问题，这样就会导致其他两方面失衡。

（四）韵律与节奏

一般称某一要素有规律的重复为节奏，有组织的变化为韵律。序列可以被看作园林中的韵律与节奏，它能使视线沿着序列延伸到某一视觉中然后离开，接着渐渐地落到下一个视觉中心。韵律与节奏可以分别通过形式、质地或色彩的渐变实现，如在园林设计中经常使用的一个韵律与节奏处理的实例即保持颜色不变，同时逐渐地变换植物的形状，使视线随着植物轮廓线高度的不断增加而流动。反之，也可通过变换颜色而形成韵律与节奏的变化。同时，当植物高度发生变化，达到某一突出点时，其质感也会出现细微的变化，从细致到中等或中等偏粗糙。

植物配置中有规律的变化，就会产生韵律感，如颐和园西堤、杭州白堤以桃树与柳树间隔栽植，就是典型的例子；又如云栖竹径景区两旁为参天的毛竹林，在合适的间隔距离配置一棵高大的枫香树，沿道路行走游赏时就能体会到韵律感的变化而不会感到单调。

（五）比例与尺度

相对比例可看成一种尺度比率，表示两个物体相对大小，而不是确定其绝对测量值。人们倾向于将物体大小与人体做比较。因此与人体具有良好的尺度关系的物体总是被认为是合乎标准的、正常的。比正常标准大的比例会使我们感到畏惧，而小比例则具有从属感——会使我们产生俯视感。

通过控制植物景观的均衡比例，设计师可以唤起相应的情感。通常园林总是使人们感到舒适、放松，因此多数园林设计总是采用人们习惯的标准尺度。当然也有例外，如日本庭院，由于它们是采用一种非常亲密的尺度设计的，因此会使得一个狭小的空间看起来更大一些。另外，如果我们要想通过园林创造一幅全景画，就需要使某些景观看起来显得更大些，同时也更容易辨认。

四、历史文化原则

随着现代社会文明程度的提高，人们在关注科学技术的进步以及经济发展的同时，也越来越关注外在形象与内在精神文化素质的统一。植物景观是保持和塑造城市风情、文脉和特色的重要方面。植物配置首先要厘清各地历史文脉，重视景观资源的继承、保护和利用，以自然生态条件和地带性植被为基础，使植物景观具有明显的地域性和文化性特征，产生可识别性和特色性。

中国古典园林善于应用植物题材，表达造园意境，或以花木作为景观设计主题，创造风景点，或建设主题花园。古典园林中，以植物为主景观赏的实例很多，如圆明园中：杏花春馆、柳浪闻莺、曲院风荷、碧桐书屋、汇芳书院、万花阵等风景点。承德避暑山庄中：万壑松风、松鹤清樾、青枫绿屿，梨花伴月、曲水荷香、金莲映日等景点。苏州古典园林拙政园中的枇杷园、远香堂、玉兰堂、海棠春坞、听雨轩、柳荫路曲、梧竹幽居等以枇杷、荷花、玉兰、海棠、柳树、竹子、梧桐等植物为素材，创造植物景观。古典园林植物配置的手法在现代园林也值得延续和继承，在园林空间中应用植物景观的意境美来体现城市文化中与众不同的历史内涵。

植物配置的文化原则是指在特定的环境中通过各种植物配置使园林绿化具有相应的文化气氛，形成不同种类的文化环境型人工植物群落，使人们产生各种主观感情与客观环境之间的景观意识，即所谓情景交融。这就需要通过以下几方面来实现植物景观的文化特征。

（一）市花、市树的应用

市花、市树，是一个城市的居民经过投票选举并经过市人大常委会审议通过的，是受到大众广泛喜爱的植物种类，也是比较适应当地气候条件和地理条件的植物。我国许多城市都有自己的市花、市树，它们本身所具有的象征意义也上升为该地区文明的标志和城市文化的象征。如北京的市花是菊花和月季、市树是侧柏和国槐，这反映了兄弟树、姊妹花的城市植物形象；上海的市花是白玉兰，象征着一种奋发向上的精神；广州的木棉树有"英雄树"之美名，象征蓬勃向上的事业和生机。还有青岛的耐冬与月季、杭州的桂花、昆明的山茶等，都是具有悠久栽培历史及深刻文化内涵的植物。植物配置时利用市花、市树的象征意义与其他植物或小品、构筑物相得益彰地进行配置，可以赋予环境浓郁的地区特色，彰显城市特有的文化氛围。

（二）地带性植物的应用

如果说市花、市树是城市文化的典型代表之一，那么地域性很强的地带性植物则可以为植物配置提供广阔的景观资源。在丰富的植物种类中，地带性植物是最能适应当地自然生长条件的，不仅能够达到适地适树的要求，还代表了一定的植被文化和地域风情。如在北方城市中，杨、柳、榆树景观是独特的地域性风景体现；而椰子树则是南国风光的典型代表。在广州、珠海、深圳、厦门等南方城市，其得天独厚的自然条件给予了城市颇具特色的植物景观，各类观花乔木、棕榈科植物、彩叶植物、攀缘植物、宿根花卉地被等生长良好，植物景观丰富多彩。各地种类丰富、形态各异的地带性植物，为各具特色的城市植物景观配置提供了有利条件。

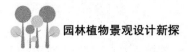

（三）古树、名木的保护与应用

在城乡范围内，凡树龄 100 年以上者称古树。古城、寺庙及古陵墓等地常有大量古树。名木则主要指具有纪念性、历史意义或国家、地方的珍稀名贵树种。如黄山的迎客松、泰山的五大夫松等。

古树和名木不仅构成了各地美丽的植物景观，同时也是活的文物，对我国各地的历史、文化及艺术研究都有很大价值，也为研究古气候变化及树木的生命周期提供了重要资料。古树的存在，说明该树能适应当地的历史气候及土壤条件，它们对一个城镇的树种规划具有重要参考价值。但要引起注意的是，古树是上百年甚至上千年成长的结果，是稀有之物，一旦死亡，则无法再现。因此我们要重视古树名木的保护和管理。

五、经济原则

植物景观以创造生态效益、景观效益、社会效益为主要目的，但这并不意味着可以无限制地增加投入。任何一个城市的人力、物力、财力和土地都是有限的，在植物景观营建时必须遵循经济原则，在节约成本、方便管理的基础上，以最少的投入获得最大的综合效益，为改善城市环境、提高城市居民生活环境质量服务。植物景观设计中多选用生态效益好、生长速度中等、耐粗放管理的乡土植物，以减少资金投入和管理费用。

从经济的角度来讲，则需要适地适树，因地制宜，避免盲目进行大规格树木的移植，以及外来植物种类的大量应用。同时，在进行植物配置时还可以考虑植物景观与生产效益相结合，选择应用一些具有多重经济价值的树种。

第三节　园林植物景观设计的方法

一、植物布局的形式

园林植物布局形式的产生和形成，是与世界各民族、国家的文化传统、地理条件等综合因素的作用分不开的。园林植物的布局是与园林的布局形式相一致的，主要有 4 种方式：规则式、自然式、混合式、抽象图案式。

（一）规则式

规则式植物配置，一般配合中轴对称的总格局来应用。树木配置以等距离行列式、对称式为主，花卉布置通常是以图案为主要形式的花坛和花带，有时候也布置成大规模的花坛群。一般在主体建筑物附近和主干道路旁采用规则式植物配置。规则式种植形式主要源于欧洲规则式园林。

欧洲的建园布置标准要求体现征服自然、改造自然的指导思想。西方园林的种植设计不可能脱离全园的总布局，在强烈追求中轴对称、成排成行、方圆规矩规划布局的系统中，产生了建筑式的树墙、绿篱，行列式的种植形式，树木修剪成各种造型或动物形象，从而构成欧式传统的种植设计体系。例如，法国勒诺特尔式园林中就大量使用了排列整齐、经过修剪的常绿树，如毯的草坪以及黄杨等慢生灌木修剪而成复杂、精美的图案。这种规则式的种植形式，正如勒诺特尔自己所说的那样，是"强迫自然接受匀称的法则"。

随着社会、经济和技术的发展，这种刻意追求形体统一、错综复杂的图案装饰效果的规则式种植方式已显示出其局限性，尤其是需要花费大量劳力和资金养护。但是，在园林设计中，规则式种植作为一种设计形式仍是不可或缺的，只是需要赋予新的含义，避免过多的整形修剪。例如，在许多人工化的、规整的城市空间中规则式种植就十分合宜。而稍加修剪的规整图案对提高城市街景质量、丰富城市景观也不无裨益。

（二）自然式

自然式的植物配置，要求反映自然界植物群落之美，将植物以不规则的株行距配置成各种形式。植物的布置方法主要有孤植、丛植、群植和密林等几种；花卉的布置则以花丛、花境为主。在公园、风景区植物配置和住宅庭园植物配置都通常采用自然式。

中国园林的种植方法强调的是借花木表达思想感情。同时，以中国画的画论为理论基础，追求自然山水构图，寻求自然风景。传统的中国园林，不对树木做任何整形，即园林植物的种植方式为自然式种植，正是这一点，成为中国园林和日本园林的主要区别之一。

18世纪英国形成了与法、意规则式园林风格迥异的自然式风景园。英国风景园中的植物以自然式栽植为特点，园中植物的种植很简单，通常只用有限的几种树木组成疏林或林带，草坪和落叶乔木是园中的主体，有时也偶尔采用雪松和橡树等常绿树。例如，在布朗设计的庭园中，树群常常仅由一两种树种（如桦木、栎类或松树等）组成。18世纪末到19世纪初，英国的许多植物园从其他地区，尤其是北美引进了大量的外来植物，这为种植设计提供了极丰富的素材。以落叶树占主导的园景也因为冷杉、松树和云杉等常绿树种的栽种而改变

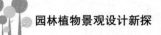

了以往冬季单调萧条的景象。尽管如此，这种形式的种植仅靠起伏的地形、空阔的水面和溪流还是难以逃脱单调和乏味的局面。美国早期的公园建设深受这种设计形式的影响。南·弗尔布拉塞将这种种植形式称为公园—庭园式的种植，并认为真正的自然植被应该层次丰富，若仅仅将植被划分为乔灌木和地被或像英国风景园中只采用草坪和树木两层的种植都不是真正的自然式种植。

自然式种植注重植物本身的特性和特点，植物间或植物与环境间生态和视觉上关系的和谐，体现了生态设计的基本思想。生态设计是一种取代有限制的、人工的、不经济的传统设计的新途径，其目的就是创造更自然的景观，提倡用种群多样、结构复杂和竞争自由的植被类型。例如，20世纪60年代末，日本横滨国立大学的宫胁昭教授提出的用生态学原理进行种植设计的方法就是将所选择的乡土树种幼苗按自然群落结构密植于近似天然森林土壤的种植带上，利用种群间的自然竞争，保留优势种。二三年内可郁闭，10年后便可成林，这种种植方式管理粗放，形成的植物群落具有一定的稳定性。

（三）混合式

所谓混合式种植，主要指将规则式、自然式交错组合，没有或形不成控制全园的主轴线和副轴线，只有局部景区、建筑以中轴对称布局。一般情况，多结合地形，在原地形平坦处，根据总体规划需要安排规则式的种植布局。在原地形条件较复杂，具备起伏不平的丘陵、山谷、洼地等地区，结合地形规划成自然式种植。以上述两种不同形式种植的组合即混合式种植。但需注意的是，在一个混合式园林中还是需要以某一形式为主，另一种为辅，否则缺乏统一性。事实上，在现代园林中，纯规划式和纯自然式的园林及其种植方式基本上很少出现，更多的园林布局形式和园林植物种植形式是混合式的应用。混合式植物种植设计强调传统手法与现代形式的结合。

（四）抽象图案式

与前述几种种植设计方式均不相同的是巴西著名设计师罗勃托·布勒·马尔克思早期所提出的抽象图案式种植方法。由于巴西气候炎热、植物自然资源十分丰富，马尔克思从中选出了许多种类作为设计素材组织到抽象的平面图案之中，形成了不同的种植风格。从他的作品中就可看出马尔克思深受克利和蒙德里安的立体主义绘画的影响。种植设计从绘画中寻找新的构思也反映出艺术和建筑对园林设计有着深远的影响。

在马尔克思之后的一些现代主义园林设计师也重视艺术思潮对园林设计的渗透。例如，美国著名园林设计师彼特·沃克和玛莎·舒沃兹的设计作品中就分别带有极少主义抽象艺术和通俗的波普艺术的色彩。这些设计师更注重园林设计的造型和视觉效果，设计往往简洁、偏重构图，将植物作为一种绿色的雕塑材料组织到整体构图之中，有时还单纯从构图角度出发，用植物材料创造一种临时性的景观。甚至有的设计还将风格迥异、自相矛盾的种植形式用来烘托和诠释现代主义设计。

二、园林树木配置形式

进行树木配置设计时，首先应熟悉树木的大小、形状、色彩、质感和季相变化等内容。在园林树木配置上虽然形式很多，但都是由以下几种基本组合形式演变而来的。

（一）孤植

孤植是指乔木的孤立种植类型。孤植树主要是表现树木的个体美，在园林功能上有两方面：一是单纯作为构图艺术上的孤植树；二是作为园林中庇荫和构图艺术相结合的孤植树。孤植树的构图位置应该十分突出，体形要特别巨大，或树冠轮廓富于变化、树姿优美、开花繁茂或叶色鲜艳。可以成为孤植树的如银杏、槐树、榕树、香樟、悬铃木、柠檬桉、朴、白桦、无患子、枫杨、柳、青冈栎、七叶树、麻栎等。也可选择观赏价值较高的树种，如雪松、云杉、桧柏、南洋杉、苏铁等，它们的轮廓端正而清晰；罗汉松、黄山松、柏木等，具有优美的姿态；白皮松、白桦等，具有光滑可赏的树干，枫香、元宝枫、鸡爪槭、乌桕等，具有红叶的变化；凤凰木、樱花、紫薇、梅、广玉兰、柿、柑橘等，具有缤纷的花色或可爱的果实。孤植树最好选用乡土树种，而且应尽可能利用原有大树。

所谓孤植树并不意味着只能栽一棵树，有时为了构图需要，增强其雄伟感，也常将两株或三株同一树种的树木紧密地种在一起，形成一个单元，效果如同一株丛生树干。

在园林中孤植树常布置在大草坪或林中空地的构图重心上，与周围的景点要取得均衡和呼应，四周要空旷，不可近距离栽植其他乔木和灌木，以保持其独特风姿。要留出一定的视距供游人欣赏，一般最适观赏距离为树木高度的3～4倍。也可以布置在开朗的水边以及可以眺望辽阔远景的高地上。在自然式园路或河岸溪流的转弯处，也常要布置姿态、线条、色彩特别突出的孤植树，以吸引游人继续前进，所以又叫诱导树。另外，孤植树也是树丛、树群、草坪的过渡树种。

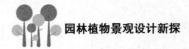

（二）对植

对植是指两株树按照一定的轴线关系做相互对称或均衡的种植方式，主要用于强调公园、建筑、道路、广场的入口，同时结合蔽荫、休息功能种植，在空间构图上是作为配景应用的。

在规则式种植中，利用同一树种、同一规格的树木依主体景物的中轴线做对称布置，两树的连线与轴线垂直并被轴线等分。规则式种植，一般采用树冠整齐的树种。在自然式种植中，对植不要求绝对对称，但左右是均衡的。自然式园林的进口两旁、桥头、蹬道石阶的两旁、河道的进口两边、闭锁空间的进口、建筑物的门口，都需要有自然式的进口栽植和诱导栽植。自然式对植是以主体景物中轴线为支点取得均衡关系，分布在构图中轴线的两侧，必须是同一树种，但大小和姿态必须不同，动势要向中轴线集中。

（三）列植

列植又称行列栽植，是指成行、成列栽植树木的形式。它在景观上较为整齐、单纯而有气魄。列植是规则式园林绿地中应用较多的栽植形式。在自然式绿地中也可布置比较整形的局部。列植多用于建筑、道路、地下管线较多的地段。列植与道路配合可起夹景效果。

列植宜选用树冠体形比较整齐的树种，如圆形、卵圆形、倒卵形、塔形、圆柱形等，而不选枝叶稀疏、树冠不整齐的树种。行列距取决于树种的特点、苗木规格和园林主要用途，如景观、活动场所等。

列植可分为单行或多行列植。多行列植形成林带，也叫带植。这种组合主要用作背景、隔离和遮挡。单一树种的带状组合常常是高篱形式，犹如一堵"绿墙"；多个树种的带状组合常常是多层次的，具有一定厚度。背景树最好形成完整的绿面，以衬托前景。背景树一定要高于前景树。这是不言而喻的，但宜选择常绿、分枝点低、绿色度深、或与前景植物对比强烈、树冠浓密，枝繁叶茂，开花不明显的乔灌木，如桧柏、雪松、香樟、黄葛树、榕树、广玉兰、垂柳、珊瑚树、海桐等，并依据其前景树和周围环境的种种具体情况综合考虑。

列植还有直线状和曲线状列植等形式，如出现在现代公园、广场、住宅小区等公共空间中的树阵广场形式，树木以多种方式列植，配合坐凳，为市民提供了集生态、观赏、休闲多重功能为一体的空间环境。在树种选择上也要突出观赏与遮阴效果较好的特点，可选择银杏、香樟、广玉兰、棕榈科植物等。

（四）丛植

丛植通常是由两株到十几株乔木或乔灌木自然式组合而成的种植类型。是园林中普遍应用的方式，可用做主景或配景，也可用作背景或空间隔离。丛植配置宜自然，符合艺术构图规律，既能表现出植物的群体美，也能表现出树种的个体美，因此选择单株植物的条件与孤植树相似。

树丛在功能和布置要求上与孤植树基本相似，但其观赏效果远比孤植树更为突出。作为纯观赏性或诱导树丛，可以用两种以上的乔木搭配栽植，或乔灌木混合配置，亦可同山石花卉相结合。庇荫用的树丛，通常采用树种相同、树冠开展的高大乔木为宜，一般不与灌木配合。树丛下面还可以放置自然山石，或安置座椅供游人休息之用。但是园路不能穿越树丛，避免破坏其整体性。栽植标高，要高出四周的草坪或道路，呈缓坡状利于排水，同时构图上也显得突出，配置的基本形式如下。

1. 两株配合

两株树紧靠在一起，形成一个单元。两株树为同一树种，但两者的姿态、大小有所差异，才能既有统一又有对比，正如明朝画家龚贤所说："二株一丛，必一俯一仰，一倚一直，一向左一向右……"两株间的距离应该小于两树冠半径之和，大则容易形成分离现象，即不称其为树丛了。

2. 三株配合

三株配合最好采用姿态大小有差异的同一种树、栽植时忌三株在同一直线上或成等边三角形。三株的距离都不要相等，其中最大的和最小的要靠近一些成为一组，中间大小的远离一些成为一组，两组之间彼此应有所呼应，使构图不致分割。如果采用两个不同树种，最好同为常绿，或同为落叶，或同为乔木或同为灌木，其中大的和中的同为一种，小的为另一种，这样就可以使两个小组既有变化又有统一。

3. 四株配合

四株一丛搭配仍以姿态、大小不同的同一树种为好。组合的原则以 3：1 为宜。但最大的和最小的不能单独为一组，否则就失去了平衡和协调。其平面位置呈不等边四边形或不等边三角形。如果选用不同的树种应该使最小的为另外一种树木，并且搭配在紧靠最大者一边。

4. 五株配合

五株一丛的搭配组合可以是一种树或两种树，分成 3：2 或 4：1 两组。

若为两种树，一种三株，另一种两株，应分配在两组中，不能分别集中为一组。三株一组的组合原则与三株树丛的组合相同，两株一组的组合原则与两株树丛的组合相同。但是两组之间距离不能太远，彼此之间也要有所呼应和均衡。

5. 六株以上的配合

实系二株、三株、四株、五株几个基本形式相互组合而已，故《芥子园画传》中有"以五株既熟，则千株万株可以类推，交搭巧妙，在此转关"之说。

树丛因树种的不同又有同种树树丛和多种树树丛两种，同种树树丛是由同一种树组成，但在体形和姿态方面应有所差异；在总体上既要有主有从，又要相互呼应；用同种常绿树可创造背景树丛，能使被衬托的花丛或建筑小品轮廓清秀，对比鲜明。多种树树丛常用高大的针叶树与阔叶乔木相结合，四周配以花灌木，它们在形状和色调上形成对比。

树丛在各类绿地中应用很广，既可用来创造主景，也可创造配景、分景等供观赏与功能应用，特别是在公园、庭园中更为普遍。如公园岛屿上常用红叶树、花灌木来布置树丛，具有丰富的景观和色彩变化。在游览绿地上布置高大的树丛，使人感到近在眼前；布置矮小树丛，则具有深远感。在道路的转弯处、交叉路口、道路尽头等处布置树丛，还有组织交通的功能。在公园中配置树丛，一定要注意留出树高 3～4 倍的观赏视距。树丛还可以和湖石等组合，配在庭园角隅，创造自然小景，能把死角变活；配在白粉墙前，可以创造生动的画面。

（五）群植

由 20～30 株甚至更多的乔灌木成群自然式配置，称为群植，这样的树木群体称为树群。树群主要是表现树木的群体美，因此对单株要求并不严格。但是组成树群的每株树木，在群体外貌上都起一定作用，要能为观赏者看到，所以规模不可过大，一般长度不大于 60m，长宽比不大于 3：1，树种不宜过多，多则容易引起杂乱。

树群在园林功能和布置要求上与树丛和孤植树类同，不同之处是树群属于多层结构，水平郁闭度大，林内潮湿，不便解决游人入内休息的问题。在园林中常作为背景，在自然风景区中也可以作为主景。

树群中树木种类不宜太多，以 1～2 种作为基调，并有一定数量的小乔木和灌木作为陪衬，种类不宜超过 10 种，否则会产生零乱之感。

树群可采用纯林，更宜混交林。在外貌上应注意季节变化，树群内部的树木组合必须符合生态要求，从观赏角度来讲，高大的常绿乔木应居中央作为背景，花色艳丽的小乔木应在外缘，大灌木、小灌木更在外缘，避免互相遮掩。

但其任何方向上的断面，都不能像金字塔一样依次排列下来，应该是林冠线要有起伏错落，水平轮廓要有丰富的曲折变化，靠近树群向外突出的边缘布置一些大小不同的树丛和孤植树。树木栽植要有疏有密，外围配植的灌木、花卉都要成丛分布，交叉错综，有断有续。栽植的标高要高于草坪、道路或广场，以利排水，树群中也不允许有园路穿过。

（六）树林

树林是大量树木的总体。它不仅数量多，面积大，而且具有一定的密度和群落外貌，对周围环境有着明显的影响。为了保护环境、美化城市，除市区内需要充分绿化外，在城市郊区开辟森林公园、休疗养区，也都需要栽植具有森林景观的大面积绿地，常称树林。但是这与一般所说的森林概念有所不同，因为这些林地从数量到规模，一般不能与森林可比，还要考虑艺术布局来满足游人的需要，所以较恰当地说是风景林。风景林可粗略地概括为密林和疏林两种。

1. 密林

郁闭度在 0.7～1.0，阳光很少透入林下，所以土壤湿度很大，地被植物含水量高、组织柔软脆弱，是经不起踩踏和容易弄脏衣服的阴性植物。树木密度大，不便游人活动。

密林又有单纯密林和混交密林之分。

单纯密林是由一个树种组成的，它没有垂直郁闭景观和丰富的季相变化。为了弥补这一缺点，可以采用异龄树种造林，结合利用起伏变化的地形，同样可以使林冠得到变化。林区外缘还可以配置同一树种的树群、树丛和孤植树，增强林缘线的曲折变化。林下配置一种或多种开花华丽的耐阴或半阴性草本花卉，以及低矮开花繁茂的耐阴灌木。单纯配植一种花灌木有简洁壮阔之美。多种混交可以取得丰富多彩的季相变化。为了提高林下景观的艺术效果，水平郁闭度不可太高，最好在 0.7～0.8，以利地下植被正常生长和增强可见度。

混交密林是一个具有多层结构的植物群落，即大乔木、小乔木、大灌木、小灌木、高草、低草各自根据自己生态要求和彼此相互依存的条件，形成不同的层次，所以季相变化比较丰富。供游人欣赏的林缘部分，其垂直层构图要十分突出，但也不能全部塞满，以致影响游人欣赏林地下特有的幽邃深远之美。为了能使游人深入林地，密林内部可以有自然园路通过，但沿路两旁垂直郁闭度不可太大，游人漫步其中犹如回到大自然中。必要时还可留出大小不同的空旷草坪，利用林间溪流水体，种植水生花卉再附设一些简单构筑物以供游人做短暂的休息或躲避风雨之用，更觉寓意深长。

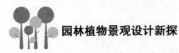

密林种植大面积的可采用片状混交，小面积的多采用点状混交，一般不用带状混交，同时要注意常绿与落叶、乔木与灌木的配合比例，以及植物对生态因子的要求。

单纯密林和混交密林在艺术效果上各有特点，前者简洁壮阔，后者华丽多彩，两者相互衬托，特点更为突出，因此不能偏废。但是从生物学的特性来看，混交密林比单纯密林好，故在园林中单纯密林不宜太多。

2. 疏林

郁闭度在 0.4 ～ 0.6，常与草地相结合，故又称草地疏林。草地疏林是风景区中应用最多的一种形式，也是林区中吸引游人的地方，不论是鸟语花香的春天、浓荫蔽日的夏天，或是晴空万里的秋天，游人总是喜欢在林间草坪上休息、游戏、看书、摄影、野餐、观景等，即使在白雪皑皑的严冬，草坪疏林内仍然别具风味。所以疏林中的树种应具有较高的观赏价值，树冠应开展，树荫要疏朗，生长要强健，花和叶的色彩要丰富，树枝线条要曲折多致、树干要好看，常绿树与落叶树搭配要合适。树木种植要三五成群、疏密相间，有断有续，错落有致，务使构图生动活泼。林下草坪应该含水量少，组织坚韧耐践踏，不污染衣服，最好冬季不枯黄，尽可能让游人在草坪上活动，所以一般不修建园路。但是作为观赏用的嵌花草地疏林就应该有路可通，不能让游人在花地上行走，为了能使林下花卉生长良好，乔木的树冠应疏朗一些，不宜过分郁闭。

（七）绿篱

将小乔木或灌木按单行或双行密植，形成规则的结构形式称为绿篱。在园林中的主要用途是在庭院四周、建筑物周围用绿篱四面围合，形成独立的空间，增强庭院、建筑的安全性、私密性。街道外侧用较高的绿篱分隔，可阻挡车辆产生的噪声污染，创造相对安静的空间环境；国外常用绿篱做成迷宫以增加园林的趣味性，或做成屏障引导视线聚焦于景物，作为雕像、喷泉、小型园林设施等的背景；近代还有利用绿篱结合园景主题，以灵活的种植方式和整形修剪技巧构成如奇岩巨石般绵延起伏的园林景观的。绿篱的分类如下。

1. 依绿篱高度分

高篱：篱高 1.5m 以上，主要用途是划分空间，屏障景物。用高篱形成封闭式的绿墙比用建筑墙垣更富生气；高篱作为雕像、喷泉和艺术设施等景物的背景，可以很好地衬托这些景观小品；高篱应以生长旺、高大的种类为主，如北美圆柏、侧柏、罗汉松、月桂、厚皮香、蚊母树、石楠、日本珊瑚树、桂花、雪柳、女贞、丛生竹类等。

中篱：篱高 1m 左右，多配置在建筑物旁和路边，起联系与分割作用；是园林中应用最多的一种绿篱。多选用大叶黄杨、九里香、枸骨、冬青卫矛、木槿、小叶女贞等。

矮篱：篱高 0.5m 以下，主要植于规则式花坛、水池边缘。矮篱的主要用途是围定园地和作为装饰。常选择慢生、低矮的灌木类，如小檗、黄杨、小月季、六月雪、小栀子等。

2. 依整形方式分

绿篱根据修剪与否，有整形绿篱与自然绿篱两种。前者一般选用生长缓慢、分枝点低、结构紧密、不需要大量修剪或耐修剪的常绿灌木或乔木（如黄杨类、海桐、侧柏类、桃叶珊瑚、女贞类等），修剪成简单的几何形体。后者可选用体积大、枝叶浓密、分枝点低的开花灌木（例如：桂花、栀子、十大功劳、小檗、木槿、枸骨、溲疏、凤尾竹之类），一般不加修剪，任其自然成长。

整形绿篱常用于规则式园林中，其高度和宽度要服从整个园林绿地的空间组织和功能要求，切忌到处围篱设防，把绿地分割得支离破碎，既妨碍游人活动，又影响园林景观。另外，忌在中国古典园林和名胜古迹中应用整形绿篱，因为格调不一致，破坏园林景色。

自然绿篱多用于自然式园林或庭园，主要用来分割空间、范围境界、防风遮阴、隐蔽不良景观。栽植的种类可以是一种，也可以由数种组成，但必须协调一致，搭配自然，才能达到更高的艺术效果。

3. 依组成植物种类分

绿篱按植物种类及其观赏特性可分为绿篱、彩叶篱、花篱、果篱、枝篱、刺篱等，必须根据园景主题和环境条件精心选择筹划。构成绿篱常见的植物种类如下。

绿篱：桧柏、侧柏、大叶黄杨、黄杨、冬青、福建茶、海桐、小叶女贞、珊瑚树、蚊母树、观音竹、凤尾竹等。

花篱：贴梗海棠、桂花、紫荆、金丝梅、金丝桃、金钟花、杜鹃、扶桑、木槿、龙船花、麻叶绣球、迎春花、连翘、九里香、五色梅等。

色叶篱：金枝球柏、金黄球柏、金叶女贞、变叶木、红桑等。

果篱：南天竹、枸骨、红紫珠、山楂、火棘等。

刺篱：小檗、柞木、枳壳、花椒、马甲子、蔷薇、锦鸡、云实等。

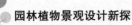

蔓篱：炮仗花、木香、凌霄、金银花等。

不同植物种类构成的绿篱，必须根据园景主题和环境条件精心选择与规划。同为针叶树种的绿篱，有的树叶具有金丝绒般的质感，给人以平和、轻柔、舒畅的感觉；有的树叶颜色暗绿，质地坚硬，形成严肃、静穆的气氛；阔叶常绿树种种类众多，则更有多样的效果。花篱不但花色、花期不同，而且花的大小、形状、有无香气等也有差异，从而形成情调各异的景色；果篱除了大小、形状色彩各异以外，还可招引不同种类的鸟雀。作绿篱用的树种必须具有萌芽力强、发枝力强、愈伤力强、耐阴力强、耐修剪、病虫害少等优良习性。

（八）树木间距

栽植的距离是树木组合的重要问题。一般是根据以下原则确定的。

1. 满足使用功能的要求

如需要郁闭者，以树冠连接为好，其间距大小依不同树种生长稳定时期的最大冠幅为准。如需要提供集体活动的浓荫环境，则宜选择大乔木，间距 5～15m，甚至更大，可形成开阔的空间；封闭的空间则小一些，如设置座椅处间距 3m 左右即可。

2. 符合树木生物学特性的要求

不同的树种生长速度不同，栽植时要考虑树种稳定（即中、壮年）时期的最大冠幅占地。尤其要考虑植物的喜光、耐阴、耐寒……生长习性，不使相互妨碍其生长发育，如樱花的树干最怕灼热，其间距宜小，可以相互遮阳；桃花喜阳，间距宜大些，附近不能有大树妨碍其正常的生长发育。

3. 满足审美的要求

配置时力求自然，有疏有密，有远有近，切忌成行成排。考虑不同类型植物的高低、大小、色彩和形态特征，求得与周围环境相协调。

4. 注意经济效益

节约植物材料，充分发挥每一株树木的作用。名贵的或观赏价值很高的树种，应配置于树丛的边缘或游人可近赏的显著位置，以充分发挥其观赏价值。

根据上述原则及实地调查，园林植物空间的树木间距可以下述数据做参考：

阔叶小乔木（如桂花、白玉兰）3～8m；

阔叶大乔木（如悬铃木、香樟）5～15m；

针叶小乔木（如五针松、幼龄罗汉松）2～5m；

针叶大乔木（如油松、雪松）7～18m；

花灌木 1 ～ 5m。

一般乔木距建筑物墙面要 5m 以上，小乔木和灌木可适当减少（距离至少 2m）。

总之，植物配置应综合考虑植物材料间的形态和生长习性，既要满足植物的生长需要，又要保证能创造出较好的视觉效果，与设计主题和环境相一致。一般来说，庄严、宁静的环境的配置宜简洁、规整；自由活泼的环境的配置应富于变化；有个性的环境的配置应以烘托为主，忌喧宾夺主；平淡的环境宜用色彩、形状对比较强烈的配置；空阔环境的配置应集中，忌散漫。

三、园林花卉配置

园林花卉以其丰富的色彩、优美的姿态而深受人们喜爱，被广泛用于各类园林绿地。成为装饰园林环境，展现草本植物群体美、色彩美不可或缺的材料。在城市绿化中，常用各种草本花卉创造形形色色的花池、花坛、花境、花台、花箱等。它们是一种有生命的花卉群体装饰图案，多布置在公园、交叉路口、道路广场、主要建筑物之前和林荫大道、滨河绿地等风景视线集中处，起着装饰美化的作用。

（一）花坛

凡具有一定几何轮廓的植床内，种植各种低矮的、不同色彩的观花或观叶园林植物，从而构成有鲜艳色彩或华丽图案的花卉应用形式称为花坛。花坛富有装饰性，在园林构图中常做主景或配景，花坛的主要类型与设计要求如下。

1. 独立花坛

独立花坛作为局部构图的主体，通常布置在建筑广场的中央、公园进口的广场上、林荫道交叉口，以及大型公共建筑的正前方。根据花坛内种植植物所表现的主题不同分为花丛式花坛和图案式花坛两种。

花丛式花坛，是以观赏花卉本身或群体的华丽色彩为主题的花坛。栽植的植物必须开花繁茂，花期一致，可以是同一种类，也可以是由几个不同种类组成简单的图案。图案在花丛花坛内只是处于次要地位，使用的植物材料多为一二年生花卉、宿根花卉及球根花卉。要求四季花开不绝，因此必须选择生长好、高矮一致的花卉品种，含苞欲放时带土或倒盆栽植。

图案式花坛指用各种不同色彩的观叶，或叶、花兼美的植物，组成华丽图案的花坛。模纹花坛中常用的观叶植物有虾钳菜、红叶苋、小叶花柏、半边莲、

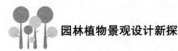

半支莲、香雪球、矮藿香蓟、彩叶草、石莲花、五色草、松叶菊、垂盆草等。

以一定的钢筋、竹、木为骨架，在其上覆盖泥土种植五色苋等观叶植物，创造时钟、日晷、日历、饰瓶、花篮、动物形象的花坛，称为立体模纹花坛。常布置在公园、庭园游人视线交点处，作为主景观赏。近年来，立体花坛的应用为花坛艺术增加新的活力。

2. 花坛群

由两个以上的个体花坛组成一个不可分割的构图整体时称为花坛群。花坛群的构图中心可以是独立花坛，也可以是水池、喷泉、雕像、纪念碑等。

花坛群内的铺装场地及道路，是允许游人活动的，大规模花坛群内部的铺装地面，还可以放置座椅，附设花架供游人休息。

3. 花坛组群

由几个花坛群组合成为一个不可分割的构图整体时，称为花坛组群。

花坛组群通常总是布置在城市的大型建筑广场上，或是大规模的规则式园林中，其构图中心常常是大型的喷泉、水池、雕像或纪念性构筑物等。

由于花坛组群规模巨大，除重点部分采用花丛式或图案式花坛外，其他多采用花卉镶边的草坪花坛，或由常绿小灌木矮篱组成图案的草坪花坛。

4. 带状花坛

凡宽度在 1m 以上，长短轴比超过 1 ：4 的长形花坛称带状花坛，带状花坛常作为配景，设于道路的中央或道路两旁，以及作为建筑物的基部装饰或草坪的边饰物。一般采用花丛式花坛形式。

5. 连续花坛群

由许多个独立花坛或带状花坛成直线排列成一行，组成一个有节奏的，不可分割的构图整体，常称为连续花坛群。

连续花坛群通常布置在道路和游憩林荫路以及纵长广场的长轴线上，并常常以水池、喷泉或雕像来强调连续景观的起点、高潮和结尾。在宽阔雄伟的石阶坡道中央也可布置连续花坛群，呈平面或斜面都可以。

6. 连续花坛组群

由许多花坛群成直线排列成一行或几行，或是由好几行连续花坛群排列起来，组成一个沿直线方向演进的、有一定节奏规律的和不可分割的构图整体时称为连续花坛组群，常常结合连续喷泉群、连续水池群以及连续的装饰雕像来设计。并且常常用喷泉群、水池群、雕像群或纪念性建筑物作为连续构图的起点、高潮或结束。

7. 花坛设计要点

花坛设计，首先必须从整体环境来考虑所要表现的园景主题、位置、形式、色彩组合等因素。花坛用花宜选择株形低矮整齐、开花繁茂、花色艳丽、花期长的种类，多以一二年生草花为主。

①作为主景处理的花坛，外形是对称的，轮廓与广场外形相一致，但可以有细微的变化，使构图显得生动活泼一些。花坛纵横轴应与建筑物或广场的纵横轴相重合，或与构图的主要轴线相重合。但是在交通量很大的广场上，为了满足交通功能的需要，花坛外形常与广场不一致。如三角形的街道广场或正方形的街道广场常布置圆形的花坛。

②主景花坛可以是华丽的图案式花坛或花丛式花坛，但是当花坛直接作为雕像、喷泉、纪念性构筑物的基座装饰时，花坛只能处于从属地位，其花纹和色彩应恰如其分，避免喧宾夺主。

③作为配景处理的花坛，总是以花坛群的形式出现，通常配置在主景主轴两侧，如果主景是多轴对称的，作为配景的个体花坛，只能配置在对称轴的两侧，其本身最好不对称，但必须以主轴为对称轴，与轴线另一侧个体花坛取得对称。

④花坛或花坛群的面积与广场面积比，一般在 1/3 ～ 1/5，作为观赏用的草坪花坛面积可以稍大一些，华丽的花坛面积可以比简洁花坛的面积小一些，在行人集散量很大或交通量很大的广场上，花坛面积可以更小一些。

⑤作为个体花坛，面积也不宜过大，大则鉴赏不清而且产生变形，所以一般图案式花坛直径或短轴以 8 ～ 10m 为宜，花丛式花坛直径或短轴以 15 ～ 20m 为宜，草坪花坛可以大一些。

为了减少图案式花坛纹样的变形和有利于排水，常将花坛做成中央隆起的球面，图案的线条也不能太细，五色苋通常为 5cm，最细不少于 2cm，矮黄杨做的花纹通常要在 10cm 以上，其他常绿灌木组成的花坛最细也要在 10cm 以上。

⑥花坛主要是以平面观赏为主，所以植床不能太高，为了使主体突出，常把花卉植床做得高出地面 5 ～ 10cm。植床周围用缘石围砌，使花坛有一个明显的轮廓，同时也可以防止车辆驶入和泥土流失污染道路或广场。

边缘石高度通常在 10 ～ 15cm，一般不超过 30cm，宽度不小于 10cm，但也不大于30cm。缘石虽然对花坛有一定的装饰作用，但对花坛的功能来说只处于从属地位，所以其形式应朴素简洁，色彩应与广场铺装材料相互协调。

（二）花境

花境是以树丛、树群、绿篱、矮墙或建筑物为背景的带状自然式花卉布置，是根据自然风景中林缘野生花卉自然生长的规律加以艺术提炼而应用于园林的种植形式。花境平面轮廓与带状花坛相似，根据设置环境的不同，种植床两边可以是平行自然曲线，也可以采用平行直线，并且最少在一边用常绿矮生木本或草本植物镶边。

花境主要选择多年生草本植物和少量的小灌木类，植物间配置是呈自然式的块状混交，主要以欣赏其本身所特有的自然美以及植物自然组合的群落美为主。花境一经建成可连续多年观赏，管理方便、应用广泛，如建筑或围墙墙基、道路沿线、挡土墙、植篱前等均可布置。

花境有单面观赏（2～4m）和双面观赏（4～6m）两种。单面观赏植物配置由低到高形成一个面向道路的斜面。双面观赏中间植物最高，两边逐渐降低，但其立面应该有高低起伏错落的轮廓变化。此外，配植花境时还应注意生长季节的变化、深根系与浅根系的种类搭配。总之，配置时要考虑花期一致或稍有迟早、开花成丛或疏密相间等，方能显示出季节的特色。

花境植床一般也应稍稍高出地面，内以种植多年生宿根花卉和开花灌木为主，在有缘石的情况下处理与花坛相同。没有缘石镶边的，植床外缘与草地或路面相平，中间或内侧应稍稍高起形成5%～10%的坡高，以利排水。

花境中观赏植物要求造型优美，花色鲜艳，花期较长，管理简单，平时不必经常更换植物，就能长期保持其群体自然景观。花境中常用的植物材料有月季、杜鹃、蜡梅、麻叶绣球、珍珠梅、夹竹桃、笑靥花、郁李、棣棠、连翘、迎春、榆叶梅、南天竺、凤尾兰、芍药、飞燕草、波斯菊、金鸡菊、美人蕉、蜀葵、大丽花、黄秋葵、金鱼草、福禄考、美女樱、蛇目菊、萱草、石蒜、水仙、玉簪等。

（三）花台

在40～100cm高的空心台座中填土并栽植观赏植物，称为花台。它是以观赏植物的体形、花色、芳香及花台造型等综合美为主的。花台的形状各种各样，有几何形体，也有自然形体。一般在上面种植小巧玲珑、造型别致的松、竹、梅、丁香、天竺葵、芍药、牡丹、月季等。在中国古典园林中常采用此形式，现代公园、机关、学校、医院、商场等庭院中也常见。花台还可与假山、座凳、墙基相结合，作为大门旁、窗前、墙基、角隅的装饰。

（四）花丛、花群

花丛在自然式的花卉布置中作为最小的组合单元使用，三五成丛，集丛为群，自然地布置于树林、草坪、水流的边缘或园路小径的两旁。花卉种类可为同种，也可为不同种。因花丛、花群的管理较粗放，所以通常以多年生的宿根、球根花卉为主，也可采用自播力强的一二年生花卉。在园林构图上，其平面和立面均为自然式布置，应疏密有致，种植形式以自然式块状混交为主。

（五）花箱

用木、竹、瓷、塑料、钢筋混凝土等制造的，专供花灌木或草本花卉栽植使用的箱体，称为花箱。花箱可以制成各种形状，摆成各种造型的花坛、花台外形。可机动灵活地布置在室内、窗前、阳台、屋顶、大门口及道旁、广场中央。

四、草坪及地被配置

在地面上种植地被植物，以保持水土，界定道路和利用区，以及在需要的地带布置草皮。它们就像是铺于地面之上的一层地毯。草坪及地被植物是城市的"底色"，对城市杂乱的景象起到"净化""简化"的统一协调作用。

（一）草坪景观设计

草坪是选用多年生宿根性、单一的草种均匀密植，成片生长的绿地。据计算，草的叶面积比所占地面积大10倍以上。所以草坪可以防止灰尘再起，减少细菌危害。由于叶面的蒸腾作用，可使草坪上方的空气相对湿度增加10%～20%，减少太阳的热辐射，夏季温度可以降低1～3℃，冬季则高0.8～4℃。草坪覆盖地面，可以防止水土冲刷，维护缓坡绿色景观，冬季可以防止地温下降或地表泥泞。

草坪草是园林地面覆盖材料的首选。对于园林中的大部分功能来说，很难找到一种比铺设完好的草坪更适合的地面材料。因为草坪能为植物和花卉提供一个有吸引力的前景；草坪增加了空间开敞感，并有助于创造景深。同时草坪上可以举行足球、排球、羽毛球及高尔夫球等项目的比赛，而且草坪具有惊人的恢复能力；由于草坪植物的蒸腾作用，使得草坪成了一个凉爽舒适的，可以走、坐、卧的表面，因而草坪为大多数室外活动提供一个理想的场地表面。再

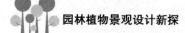

没有其他材料的表面有可供赤脚行走的特性了。在阴凉的秋季，黑绿色的草坪还可以保持午后的温度。

在大多数园林中，开阔的草坪给人一种开敞的空间感。当我们漫步在草坪空间时，视觉宽度和深度有恰当的比例感。一块草坪的质地近处粗糙、远处细腻又增强了人们对于园林景观的透视效果。不管是自然起伏的还是园林设计师设计创造的，舒缓而绿草茵茵的地形总能给人以愉悦的视觉享受。

草坪的绿色易与其他园林要素的颜色取得良好的协调，并使之生机勃勃。草坪低平的平面很容易将我们的视线引向园林中的其他要素，使其他植物更为突出而不像别的覆盖物那样分散人们的注意力。

1. 草坪的分类

（1）按草坪使用功能划分

游息草坪，这类草坪在绿地中没有固定的形状。一般面积较大，管理粗放，允许人们入内游憩活动。其特点是可在草坪内配植孤立树，点缀石景，栽植树群，周边配植花带、树丛等，中部形成空地，能分散容纳较多的人流。选用草种应以适应性强、耐踩踏的为宜，如结缕草、狗牙根、假俭草等。

观赏草坪，在园林绿地中，专供欣赏景色的草坪，也称装饰性草坪。如栽种在广场雕像、喷泉周围和建筑纪念物前等处，多作为景前装饰和陪衬景观，还有花坛草坪。这类草地一般不允许入内践踏，栽培管理要求精细，严格控制杂草，因此栽培面积不宜过大，以植株低矮、茎叶密集、平整、绿色观赏期长的优良细叶草类最为理想。

运动场草坪，供开展体育活动的草坪如足球场、高尔夫球场及儿童游戏活动场草坪等。均要选用适应于某种体育活动项目特点的草种。一般情况下应选用能经受坚硬鞋底的踩踏，并能耐频繁的修剪裁割，有较强的根系和快速复苏蔓延能力的草本种类。

疏林草坪，树林与草坪相结合的草坪，也称疏林草地。多利用地形排水，管理粗放，造价较低。一般铺在城市公园或工矿区周围，与疗养区、风景区，森林公园或防护林带相结合。它的特点是林木夏天可蔽荫，冬天有阳光，可供人们活动和休息。

另外，还有飞机场草地、森林草地、林下草坪、护坡草坪等。

（2）按草坪植物配合种类划分

单纯草坪，由一种草本植物组成。

混合草坪，由多种禾本科多年生草种组成。

缀花草坪，混有少量开花华丽的多年生草本植物，如水仙、鸢尾、石蒜、葱兰、韭兰等的草坪。

（3）按草坪的形式划分

自然式草坪，充分利用自然地形或模拟自然地形起伏，创造原野草地风光，这种大面积的草坪有利于多种游憩活动的进行。

规则式草坪，草坪的外形具有整齐的几何轮廓，多用于规则式园林中。如用于广场、花坛、路边衬托主景等。

2.草坪的设计

草坪是城市园林绿地的重要组成部分，广泛应用于各类园林用地。在水边沿岸平坦的草地，以欣赏水景和远景为主。草坪对建筑和街景起着衬托作用，它与花卉相配合，可形成各式花纹图案；与孤植树相配，可以衬托其雄伟、苍劲；与树群、树丛相配，起着调和衬托作用，加强树群、树丛的整体美。

公园中的大草坪，在其边缘可配植孤立树或树丛，从而形成富有高低起伏和色彩变化的开阔景观。草坪的外围配植树林，布以山石，创造山的余脉形象，增强山林野趣；草坪边缘的树丛、花丛也宜前后高低错落，又稳又透，以加强风景的纵深感。在草坪中间，除了特殊的需要而进行适当的小空间划分外，一般不宜布置层次过多的树丛或树群。如将造型优雅的湖石、雕像或花篮等设立在草坪的中心，则使主题突出，给人以美的享受。在庭园中设计闭锁式的草坪，可陪衬、烘托假山、建筑物和花木，借以形成相对宽敞的庭园活动空间。在杭州花港观鱼公园，全园面积 18hm^2，草坪就占了 40% 左右，尤其是雪松草坪区，以雪松与广玉兰树群组合为背景，构成空阔景面，气势豪迈；还有柳林草坪区与合欢草坪区，配植以四时花木。

为保证人们的游园活动，规则式草坪的坡度可设计为 5%，自然式草坪的坡度可设计为 5% ～ 15%，一般设计坡度在 5% ～ 10%，以保证排水。为避免水土流失，最大坡度不能超过土壤的自然安息角（30% 左右）。

（二）地被景观设计

地被是指以植物覆盖园林空间的地面。覆盖地面的地被能够起到净化空气、吸收热量、降低温度、固定土壤的作用。而具有各种高度的地被植物，将有助于形成强烈的地表图案。群植的地被植物，还可以用于强化围合效果。同时，地被植物还能为各种野生动物提供良好的栖息场所，尤其是那些为蜜蜂提供花源，或是为鸟兽提供果实的品种。

地被植物种类除有单子叶和双子叶草本类外，还包括一些低矮的木本植物

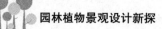

材料。它们的种类多，用途广，适应多种环境条件，但一般不宜整形修剪，不宜践踏。地被植物的形态、色泽各异，多年生，特别是多能耐阴，如八角金盘、十大功劳、鹅掌柴、撒金珊瑚等很适合在林下、坡地、高架桥下使用。管理上比草坪简便，可以充分覆盖裸露地面，达到黄土不露天的目的，进一步发挥绿色植物的生态环境效益。园林植物空间的地被，一般有以下两种。

1. 叶被

以草本或木本的观叶植物满铺地面，仅供观赏叶色、叶形的栽植面积称为叶被。它和草被虽然同是以叶为主，但草被有的可以入内践踏（少量的或短时间的），故以宏观观赏为主，体现一种"草色遥看近却无"的景观。叶被的植株一般较高，以叶形叶色的美产生既可远赏，亦耐近观的观赏效果。

在南方，叶被植物十分丰富，如红桑、变叶木、八角金盘、十大功劳、鹅掌柴、撒金珊瑚、彩叶草、花叶艳山姜、紫苏、扁竹梗、一叶兰、蕨类、常春藤等均可作地被。

2. 花被

通常是以草本花卉或低矮木本花卉于盛花期满铺地面而形成的大片地被。由于这类植物的花期一般只有数天至十数天，故最宜配合公共节日（如"五一""十一"等），或者是就某种花卉的盛花期特意举办突出该花特色的花节，如牡丹花节、杜鹃花节、郁金香花节、百合花节、水仙花节……即使是同一种类的花，由于品种不同、花色不同，也可以配置成色彩丰富、灿烂夺目的地面花卉景观，如能根据其他灌木、乔木的花期，如樱花、梅花、桃花……则在一年之中，就会使整个园林植物空间连绵不断散发出花卉的芳香，展示出艳丽的花姿花色。

五、植物配置的生态方法

更深意义上的植物景观设计应该是植物景观的生态设计，现代的园林植物生态设计是运用生态学原理，根据植物的形态、生物习性、生态习性和生态效能，将乔木、灌木、藤木、草本植物进行合理搭配，使植物与环境之间、植物与植物之间、植物与环境中的其他生物之间都能很好地适应和融合，建立良好的关系，同时发挥植物的多种功能，进而获取最佳综合效益。

重视对自然环境的保护，运用景观生态学原理建立生态功能良好的景观格局，促进资源的高效利用与循环再生，减少废物的排放，增强景观的生态服务功能，凡是这样的设计都被称为生态设计，其最直接的目的就是资源的永续利用和环境的可持续发展。生态设计的提出也使得植物在景观中的地位更加重要，在设计过程中通过保护自然植物群落，减少人为干预，从而保证生态系统的稳定和可持续发展；通过模拟自然，恢复原生植被，能够逐步地修复破损的自然生态系统。由此可见，合理利用、充分发挥植物的生态效益是生态设计的核心内容。

（一）立足生态理论，保护自然景观

自然植物群落是一个经过自然选择、不易衰败、相对稳定的植物群体。光、温、水、土壤、地形等是植被类型生长发育的重要因子，群体对包括诸因子在内的生活空间的利用方面保持着经济性和合理性。因此，对当地的自然植被类型和群落结构进行调查和分析无疑对正确理解种群间的关系会有极大的帮助，而且，调查的结果往往可作为种植设计的科学依据。例如，英国的布里安·海克特教授曾对白蜡占主导的，生长在由石灰岩母岩形成的土壤上的植物群落做了调查和分析。根据构成群落的主要植物种类的调查结果作了典型的植物水平分布图，从中可以了解到不同层植物的分布情况，并且加以分析，作出了分析图。在此基础上结合基地条件简化和提炼出自然植被的结构和层次，然后将其运用于设计之中。

这种调查和分析方法不仅为种植设计提供了可靠的依据，使设计者熟悉这种自然植被的结构特点，同时还能在充分研究了当地的这种植物群落结构之后，结合设计要求、美学原则，做些不同的种植设计方案，并按规模、季相变化等特点分别编号，以提高设计工作的效率。

每一种植物群落应有一定的规模和面积且具有一定的层次，才能表现出群落的种类组成。在规范群落的水平结构和垂直结构、保证群落的发育和稳定状态、使群落与环境的相对作用稳定时，才会出现"顶级群落"。群落中的植物组合不是简单的乔、灌、藤本、地被的组合，而应该从自然界或城市原有的、较稳定的植物群落中去寻找生长健康、稳定的植物组合，在此基础上结合生态学和园林美学原理建立适合城市生态系统的人工植物群落。

（二）利用生态手段，修复生态系统

生态系统具有很强的自我恢复能力和逆向演替机制，但如果受到的人为干扰过于强烈，环境自我修复能力就会大大降低，比如后工业时代那些被破坏得已经满目疮痍的工业废弃地，原有的生态系统、植物群落已经被彻底破坏。是

放弃，还是修复再利用，面对这样一个问题，许多设计师选择了后者，并探索出了一条生态修复的思路，尤其是 20 世纪 70 年代，保留并再利用场地原有元素修复生态系统成为一种重要的生态景观设计手法，尊重场地现状，采用保留、艺术加工等处理方式已经成为设计师首先考虑的措施，而植物在其中则承担着越来越重要的作用。

第三章　园林植物景观设计基本原理

第一节　园林植物景观设计的生态原理

植物生活的空间称为生态环境。植物的生态环境与温度、空气、阳光、水分、土壤、生物及人类的活动密切相关。这些对植物的生长发育产生重要影响的因子称为生态因子。研究各生态因子与植物的关系是园林植物景观设计的理论基础。

各生态因子是相互影响、相互联系的。生态因子的共同作用对植物的生长发育起着综合的作用。缺少其中一个因子，植物将不能正常生长。如将水生植物栽植在干旱缺水的环境中，植物就会生长不良或死亡；如将喜阴植物栽植在阳光充足的环境中，植物定会生长不良。

对某一种植物，或者是植物的某一生长发育阶段，常常有 1～2 个因子起决定性的作用，这种起决定性作用的因子称主导因子。如华北地区野生的中华秋海棠生长在阴暗潮湿的环境中，其主导因子是阴暗高湿；西北地区生长的梭梭木，其主导因子是干旱。

植物对不同生态环境的需求也形成了自然界中不同生态环境的植物景观，在景观设计中要尊重植物本身的需求，遵循植物长期演化的自然规律。

一、温度对植物的生态作用

温度因子是植物极其重要的生活因子，温度的变化对植物的生长发育和分布具有重要作用。

（一）季节与植物造景

一年可分为四季，四季的划分以每五天为一"候"的平均温度为标准。每候平均温度为 10～22℃的属于春、秋季，在 22℃以上的属于夏季，10℃以下的属于冬季。不同地区的四季长短是有差异的。该地区的植物，由于长期适应于该地这种季节性的变化，就形成了一定的生长发育节奏，即物候。在植物景观设计中应充分利用植物的物候期，创造出不同的植物景观。

春季：营造春季景观的植物有山桃、迎春、玉兰、连翘、碧桃、垂柳、旱柳、榆叶梅、丁香类、紫荆、黄刺玫、西府海棠、贴梗海棠、绣线菊类、接骨木、文冠果、玫瑰、杏、山楂、苹果、梨、杜梨、泡桐、棣棠、猥实、海棠类、樱花类等。如杭州西湖的"苏堤春晓"主要栽种垂柳、碧桃形成桃红柳绿的景观，并增添日本晚樱、海棠、迎春、溲疏等花灌木营造西湖的春天。如北京颐和园知春亭采用古人"春江水暖鸭先知"的诗句，小岛建为鸭子的形状，植物选择垂柳、碧桃，感知春天的到来。

夏季：常用荷花、睡莲、千屈菜、水生鸢尾、荇菜等水生植物来营造夏季清凉的景观。也可用国槐、栾树、黄金树、合欢、月季、石榴、江南槐、美国凌霄、金银花等观花植物，使夏季的色彩更丰富。

秋季：秋季是色彩最丰富的季节，应充分利用植物色彩的变化和果实的色彩来营造秋季景观。北方可选择的植物有黄栌、五角枫、元宝枫、茶条槭、火炬树、柿树、银杏、白蜡、鹅掌楸、梧桐、榆树、槐树、柳树、石榴、紫叶李、山楂树等。

冬季：北方落叶树种种植比例高，冬季色彩比较单调，应巧妙运用落叶乔灌木的冬态，营造冬季水墨淡彩的景观。

（二）昼夜变温对植物的影响

一日中气温的最高值与最低值之差称为昼夜差，植物对昼夜温度变化的适应性称为温周期，表现在如下三个方面。

①种子的发芽。多数种子在变温条件下发芽良好，在恒温条件下发芽略差。

②植物的生长。多数植物在昼夜变温条件下比恒温条件下生长好，原因是有利于营养积累，就像冬季植物的休眠一样，积累营养。

③植物的开花结果。昼夜温差大有利于植物的开花、结果，并且果实品质好。我国西北地区的昼夜温差大，因此新疆的瓜果甜，品质好。

（三）温度与植物的分布

温度是影响植物分布的一个极为重要的因素。每一种植物对温度的适应均有一定的范围。根据植物分布区域温度的高低，可分为热带植物、亚热带植物、温带植物和寒带植物等四类，如兰花生长、分布在热带和亚热带，百合主要分布在温带，仙人掌原产热带、亚热带干旱沙漠地带。在园林景观设计中，在不同地区，应选用适应该区域条件的植物。

二、水对植物的生态作用

植物的一切生命活动都需要水的参与，如对营养物质的吸收、运输以及光合作用、呼吸作用、蒸腾作用等，必须有水的参与才能进行。水是植物体的重要组成部分。水是影响植物形态结构、生长发育、繁殖及种子传播等的重要的生态因子。

（一）由水因子起主导作用的植物类型

1. 旱生植物

在干旱的环境中能长期忍受干旱正常生长、发育的植物类型。该类植物多见于雨量稀少的荒漠地区和干燥的草原地区。根据其形态和适应环境的生理特征分为以下三类。

①少浆植物或硬叶旱生植物。体内含水量很少，其主要特征是叶的面积小，多退化成鳞片或刺毛；叶表面有蜡层、角质层；气孔下陷；叶片卷曲等。如柽柳、梭梭木、针茅等。

②多浆植物或肉质植物。体内含有大量水分，具有储水组织，能适应干旱的环境。多浆植物有特殊的新陈代谢方式，生长缓慢，在热带、亚热带沙漠中能适应生存。如仙人掌类、芦荟类、光棍树等。

③冷生植物或干矮植物。该类植物具有旱生少浆植物的特征，但又有自己的特点，大多体形矮小，多呈团丛状或垫状。

2. 中生植物

大多数植物均属于中生植物，不能忍受过干或过湿，由于中生植物种类众多，在干旱和潮湿的耐受程度方面具有很大的差异。耐旱能力极强的种类具有旱生植物的倾向，耐湿力极强的种类具有湿生植物的倾向。

以中生植物中的木本植物而言，如圆柏、侧柏、油松、酸枣、桂香柳等具有很强的耐旱性，但仍然以在干湿适度的环境下生长最佳；而垂柳、旱柳、桑树、紫穗槐等，具有很强的耐湿力，但仍以在干湿适度的环境下生长最佳。

3. 湿生植物

需生长在潮湿的环境中，若在干旱或中生环境下则常导致死亡或生长不良。根据其生态环境可分为以下两种类型。

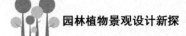

①喜光湿生植物。生长在阳光充足、水分经常饱和或仅有较短的干旱期的地区的湿生植物，如在沼泽化草甸、河流沿岸生长的鸢尾、半边莲、落羽松、池杉、水松等。由于土壤潮湿、通气不良，故根系较浅。由于地上部分的空气湿度不是很高，叶片上仍有角质层存在。

②耐荫湿生植物。生长在光线不足，空气湿度较高，土壤潮湿环境下的湿生植物。如蕨类植物、海芋、秋海棠类以及多种附生植物。

4. 水生植物

生长在水中的植物称水生植物，可分为三种类型。

①挺水植物。植物体的大部分露在水面以上的空气中，如芦苇、香蒲、水葱、荷花等。

②浮水植物。叶片漂浮在水面的植物，又可分为两种类型：一是半浮水型，根生于水下泥中，仅叶片和花浮在水面，如睡莲、萍蓬草等；二是全浮水型，植物体完全自由地漂浮在水中，如浮萍、满江红、凤眼菜等。

③沉水植物。植物体完全沉没在水中，如苦草、金鱼藻等。

（二）水与植物景观

1. 空气湿度与植物景观

空气湿度对植物的生长有很大的作用，园林植物造景应充分考虑水分因素，在云雾缭绕的高山上，有着千姿百态的各种植物，它们生长在岩壁上、石缝中、瘠薄的土壤母质上或附生在其他植物上，这类植物没有坚实的土壤基础，它们的生存与空气湿度休戚相关，如在高温高湿的热带雨林中，高大的乔木常附有蕨类、苔藓。这些自然景观可以模拟再现，只要创造相对空气湿度不低于80%的环境，就可以在展览温室中进行人工的植物景观创造，一段朽木就可以附生很多开花艳丽的气生兰、花与叶都美丽的凤梨科植物。

2. 水生植物景观

园林植物景观主要采用挺水植物和浮水植物来营造，可用荷花、睡莲、芡实、慈姑、水葱、芦苇、香蒲等营造夏日池塘的景色。如西湖的曲院风荷，充分利用水面，营造出"接天莲叶无穷碧，映日荷花别样红"的景观。

3. 湿生植物景观

在自然界中，湿生植物景观常见于海洋与陆地的过渡地带，这类植物中绝大多数是草本植物。在植物造景中可选择池杉、水松、水杉、红树、垂柳、旱柳、柽柳、黄花鸢尾、千屈菜等。

4.旱生植物景观

在干旱的荒漠、沙漠等地区生长着很多抗旱植物，如我国西北地区生长的桂香柳、柽柳、胡杨、旱柳、皂荚、杜梨、圆柏、侧柏、小叶朴、大叶朴、沙地柏、合欢、紫穗槐、君迁子、胡颓子、国槐、毛白杨、小叶杨等，这些植物是营造旱生植物景观的良好植物。

三、光照对植物的生态作用

光是绿色植物的生存条件之一，绿色植物在光合作用过程中依靠叶绿素吸收太阳光能，并利用光能把二氧化碳和水合成有机物，并释放氧气，这是植物与光最本质的联系。光的强度、光质、日照时间的长短都影响着植物的生长和发育。

（一）植物对光照强度的要求

根据植物对光的要求，将植物分为三种生态类型：阳性植物、阴性植物、中性植物。在自然界的植物群落中，可以看到乔木层、灌木层、地被层，各层植物的光照条件不同，这是长期适应环境的结果，从而形成了植物对光的不同生态习性。

①阳性植物。要求较强的光照，不能忍受荫蔽的植物称为阳性植物。如雪松、油松、白皮松、水杉、刺槐、白桦、臭椿、泡桐、银杏、玉兰、碧桃、榆叶梅、合欢、鹅掌楸、毛白杨等。

②阴性植物。在较弱的光照条件下比在全光照下生长良好的植物称为阴性植物。如中华秋海棠、人参、蕨类、三七等许多生长在阴暗潮湿环境中的植物。

③中性植物。在充足的阳光下生长最好，但也有一定的耐荫能力，需光度介于阳性和阴性之间。大多数植物属于此类型，在中性植物中有偏喜光和偏耐荫的种类，对光的需求程度有很大的差异，目前没有定量的分界线。如榆属、朴属、榉属、樱花、枫杨等为中性偏阳；槐属、圆柏、珍珠梅、七叶树、元宝枫、五角枫等为中性稍耐荫；冷杉属、云杉属、铁杉属、粗榧属、红豆杉属、椴属、杜英、荚莲属、八角金盘、常春藤、八仙花、山茶、桃叶珊瑚、枸骨、海桐、杜鹃花、忍冬、罗汉松、紫楠、禄棠、香榧等为中性耐荫能力较强的植物。

（二）光照时间对植物的影响

每日的光照时数与黑暗时数的交替对植物开花的影响称为光周期现象。按光周期可将植物分为四类。

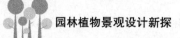

①长日照植物。植物在开花以前需要有一段时期，每日的光照时数大于14h 的临界时数称为长日照植物。如果满足不了这个条件则植物将仍然处于营养生长阶段而不能开花。反之，日照时数越长开花越早，如凤仙花、波斯菊、矮牵牛、金莲花、万寿菊等。

②短日照植物。植物在开花以前需要有一段时期，每日的光照时数少于12h 的临界时数称为短日照植物。日照时数越短则开花越早，但每日的光照时数不得短于维持生长发育所需要的光合作用时间，如金盏菊、矢车菊、天人菊、杜鹃等。

③中日照植物。只有在长短时数近于相等时才能开花的植物。

④中间性植物。对光照与黑暗的时数长短没有严格的要求，只要发育成熟，无论长日照条件还是短日照条件均能开花。

四、土壤对植物的生态作用

植物的生长离不开土壤，土壤是植物生长的基质，对植物的生长起着固着、提供营养和水分的作用。不同的土壤适合生长不同的植物，不同的植物适应不同的土壤，土壤的生态效应对植物的景观有很大的作用。

（一）土壤的酸碱度与植物生态类型

依植物对土壤酸碱度的要求，可分为以下三种类型。

①酸性土植物。在呈酸性土壤中生长最好的植物种类，土壤 pH 值在 6.5 以下，该类植物称为酸性土植物。如杜鹃花、山茶、油茶、马尾松、石楠、油桐、吊钟花、三角梅、橡皮树、棕榈等。

②中性土植物。在中性土壤中生长最佳的植物种类，土壤 pH 值在 6.5～7.5。绝大多数植物属于此类，如合欢、银杏、桃、李、杏等。

③碱性土植物。在呈碱性土壤中生长最好的植物种类，土壤 pH 值在 7.5 以上。如柽柳、紫穗槐、沙棘、沙枣、梭梭木、杠柳等。

（二）土壤中的含盐量与植物类型

我国沿海地区有面积相当大的盐碱土区域，在西北内陆干旱地区中，在内陆湖附近和地下水位过高处也有相当面积的盐碱化土壤，这类盐土、碱土以及各种盐化、碱化的土壤统称盐碱土。

依植物在盐碱土的生长发育情况，可分为以下几种。

1.喜盐植物

①旱生喜盐植物。其主要分布于内陆的干旱盐土地区。如乌苏里碱蓬、海篷子、梭梭木等。

②湿生喜盐植物。其主要分布于沿海海滨地带。如盐蓬、红树、秋茄、老鼠筋等。

2.抗盐植物

分布于干旱地区和湿地的种类均有。如柽柳、盐地凤毛菊等。

3.耐盐植物

分布于干旱地区和湿地的种类均有。这些植物能从土壤中吸收盐分，将盐分经植物茎、叶上的盐腺排出体外，如大米草、二色补血草、红树等。

4.碱土植物

能适应 pH 值在 8.5 以上和物理性质极差的土壤条件，如藜科、苋科植物等。

5.盐碱植物

主要分布于我国沿海地区和西北内陆干旱地区，土壤含有盐、碱，在盐碱土中生长的植物统称盐碱植物。

在园林绿化中，较耐盐碱的植物有柽柳、白榆、加拿大杨、小叶杨、食盐树、桑、旱柳、枸杞、楝树、臭椿、刺槐、紫穗槐、黑松、皂荚、国槐、绒毛白蜡、白蜡、杜梨、桂香柳、合欢、枣树、西府海棠、圆柏、侧柏、胡杨、钻天杨、栾树、火炬树、锦鸡、白刺花、木槿、胡枝子、接骨木、金叶女贞、紫丁香、山桃等。

五、空气对植物的生态作用

（一）空气污染的概念

空气是由一定比例的氮气、氧气、二氧化碳、水蒸气和固体杂质微粒组成的混合物。按体积计算，在标准状态下，氮气占 78.08%，氧气占 20.94%，稀有气体占 0.93%，二氧化碳占 0.03%，而其他气体及杂质大约占 0.02%。随着现代工业和交通运输的发展，向大气中持续排放的物质的数量越来越多，种类越来越复杂，引起大气成分发生急剧的变化。当大气正常成分之外的物质增多到对人类健康、动植物生长以及气象、气候产生危害的时候，称为空气污染。

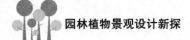

（二）城市环境中常见的污染物质

1. 一氧化碳

一氧化碳是一种无色、无味、无臭的易燃有毒气体，是含碳燃料不完全燃烧的产物，在高海拔城市或寒冷的环境中，一氧化碳的污染问题比较突出。

2. 氮氧化物

氮氧化物主要是指一氧化氮和二氧化氮两种，它们大部分来源于矿物燃料的高温燃烧过程。燃烧含氮燃料（如煤）和含氮化学制品也可以直接释放二氧化氮。一般来说机动车排放的尾气是城市氮氧化物的主要来源之一。

3. 臭氧

臭氧是光化学烟雾的代表，主要由空气中的氮氧化物和碳氢化合物在强烈阳光照射下，经过一系列复杂的大气化学反应而形成和富集。虽然在高空平流层的臭氧对地球生物具有重要的防辐射保护作用，但城市低空的臭氧却是一种有害的污染物。

4. 硫氧化物

硫氧化物主要是指二氧化硫、三氧化硫和硫酸盐，如燃烧含硫煤和石油等。此外，火山活动等自然过程也排出一定数量的硫氧化物。二氧化硫是城市中普遍存在的污染物。空气中的二氧化硫主要来自火力发电和其他行业的工业生产，如固定污染源燃料的燃烧，有色金属冶炼，钢铁、化工、硫厂的生产，还有小型取暖锅炉和民用煤炉的排放等来源。二氧化硫是无色气体，有刺激性，在阳光下或空气中某些金属氧化物的催化作用下，易被氧化成三氧化硫。三氧化硫有很强的吸湿性，与水汽接触后形成硫酸雾，其刺激作用比二氧化硫强10倍，这也是酸雨形成的主要原因。人体吸入的二氧化硫，主要影响呼吸道，二氧化硫在上呼吸道很快与水分接触，形成有强刺激作用的三氧化硫，可使呼吸系统功能受损，加重已有的呼吸系统疾病，产生一系列的上呼吸道感染症状，如气喘、气促、咳嗽等。最易受二氧化硫影响的人包括哮喘病、心血管、慢性支气管炎、肺气肿患者以及儿童和老年人。

5. 氯气

氯气是一种有毒气体，它主要通过呼吸道侵入人体并溶解在黏膜所含的水分里，对上呼吸道黏膜造成有害的影响，使呼吸道黏膜浮肿，大量分泌黏液。大气中的氯气含量小，但对人的危害较大。

6. 颗粒物质

颗粒物质主要指分散、悬浮在空气中的液态或固态物质，其粒度在微米级，粒径为 0.0002～100μm，包括气溶胶、烟、尘、雾和炭烟等多种形态。颗粒物是烟尘、粉尘的总称。有天然来源的颗粒物，如风沙尘土、火山爆发、森林火灾等造成的颗粒物；也有人为来源的颗粒物，如工业活动、建筑工程、垃圾焚烧和车辆尾气等造成的颗粒物。由于颗粒物可以附着有毒金属、致癌物质和致病菌等，因此其危害更大。空气中的颗粒物又可分为降尘颗粒物、总悬浮颗粒物和可吸入颗粒物等。其中可吸入颗粒物能随人体呼吸作用进入肺部，产生毒害作用。

（三）抗污染植物

1. 抗二氧化硫强或较强的植物

抗二氧化硫强或较强的植物包括：冷杉、七叶树、黄杨、雪柳、槐树、杨梅树、锦带花、阔叶十大功劳、华山松、冬青、乌桕、圆柏、玉兰、丁香、广玉兰、楝树、女贞、黄栌、朴树、铺地柏、连翘、栾树、海桐、泡桐、夹竹桃、丝棉木、构树、合欢、榆树、梓树、黄金树、银杏、柽柳、枫香、糠椴、皂荚、杜梨、木瓜、珍珠梅、君迁子、枣树、桑树、悬铃木、月季、金银花、稠李、海州常山、白皮松、石榴、蜡梅、木槿、刺槐、紫穗槐、梧桐、接骨木、臭椿、鸢尾、金盏菊、地肤、耧斗菜、凤仙花、晚香玉、金鱼草、蜀葵、美人蕉等。

2. 抗氯气强或较强的植物

抗氯气强或较强的植物包括：枸骨、海桐、女贞、广玉兰、大叶黄杨、石楠、蚊母树、凤尾兰、夹竹桃、香樟、山茶、侧柏、云杉、木槿、五角枫、山楂、丝棉木、皂荚、栾树、绒毛白蜡、沙枣、柽柳、臭椿、紫薇、朴树、梓树、石榴、合欢、接骨木、柿树、桑树、枣树、丁香、红瑞木、黄刺玫、茶条槭、卫矛、小檗、连翘、构树、五叶地锦、紫穗槐、文冠果、金银木等。

3. 抗氟化氢强或较强的植物

抗氟化氢强或较强的植物包括：国槐、臭椿、泡桐、悬铃木、胡颓子、白皮松、侧柏、丁香、山楂、紫穗槐、连翘、金银花、小檗、女贞、大叶黄杨、五叶地锦、刺槐、桑树、接骨木、沙枣、火炬树、君迁子、杜仲、文冠果、紫藤、美国凌霄等。

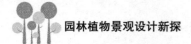

（四）风对植物的生态作用

空气的流动就形成了风，风对植物有帮助的方面是传授花粉、传播种子。如蒲公英、垂柳、毛白杨、萝摩等植物都是借助风传授花粉和传播种子的。

风对植物有害的方面，表现在台风、海潮风、夏季的热干风、冬春的旱风、高海拔的强劲大风。我国沿海城市经常受台风的危害，如浙江的温州，台风经常将高大的乔木连根拔起。华北地区早春的干风，往往造成一些植物的枝梢干枯。高海拔的山上，常生长着低矮、附地的高山草甸，是植物长期适应高山强风的结果。

一般来说，树冠紧密，材质坚韧，根系庞大深广的树种，其抗风力强，如马尾松、黑松、圆柏、榉树、胡桃、白榆、乌桕、樱桃、枣树、葡萄、臭椿、朴树、槐树、樟树、河柳、木麻黄等。树冠庞大，材质硬脆，根系浅的树种，其抗风力弱，如雪松、悬铃木、梧桐、泡桐、刺槐、杨梅树等。

第二节　园林植物景观设计的群落原理

自然界中，任何植物都不是独立存在的，总有许多其他植物与之共同生活在一起。这些生长在一起的植物，占据了一定的空间和面积，按照自己的规律生长发育、演变更新，并同环境产生相互作用，称为植物群落或植物群体。按其形成和发展中与人类栽培活动的关系来讲，可分为两类：一类是植物自然形成的，称为自然群落；另一类是人工形成的称为人工群落。

自然群落由生长在一定地区内，并适应该区域环境综合因子的许多互有影响的植物个体所组成，它有一定的组成结构和外貌，它是依历史的发展而演变的。在环境因子不同的地区，植物群体的组成成分、结构关系、外貌及其演变发展过程等都有所不同。如西双版纳的热带雨林植物群落、沙漠地区的旱生植物群落其演变过程存在明显差异。

人工群落是把同种或不同种的植物配置在一起形成的，完全由人类的栽培活动而创造的。它的发生、发展规律与自然群落相同，但它的形成与发展，都受人的栽培管理活动所支配。目前我国许多城市公园绿地的植物群落除部分片段化的自然保留地外，多为典型的人工群落，如园林中的树丛、林带、绿篱等。人工群落是按照人的意愿，进行绿化植物种类选择、配置、营造和养护管理，群落层次比较清晰，外来观赏植物比例高，具有明显的园林化外貌和格局。

一、群落的外貌

①优势种。在植物群落中数量最多或数量虽不太大但所占面积最大的物种称为优势种，优势种的生活型体现群落的外貌。如华北地区油松林。

②密度。群落中植物个体的疏密程度与群落的外貌有着密切的关系，如西双版纳热带雨林植物群落与西北荒漠植物群落的外貌有很大的不同。

③种类。群落中植物种类的多少，对其外貌有很大的影响，种类多天际线丰富，轮廓线变化大；种类单一，呈现高度一致的线条。

④色相。各种群落所具有的色彩为色相，如油松林呈深绿色，柳树林呈浅绿色。

⑤季相。由于季节的变化，在同一地区的植物群落会发生形态、色彩的变化称为季相。如黄栌群落春天是绿色，秋季为红色。

⑥群落的分层。自然群落是在长期的历史发育过程中，在不同的气候条件、生境条件下自然形成的群落，各自然群落都有自己独特的层次，如西双版纳热带雨林群落，结构复杂，常有 6 ～ 7 层；东北红松林群落，常有 2 ～ 3 层；而荒漠地区的植物群落通常只有一层。通常层次越多，表现出的外貌色相特征越丰富。

二、园林种植设计的植物群落类型

植物群落是城市绿地的基本构成单位，在城市植物景观设计中提倡自然美，创造自然的植物群落景观，在城市内形成较大面积的自然植被已成为新的潮流。随着城市规模的日益扩大和人们对环境条件需求的日益提高，人们已不仅仅满足于植物的合理搭配，而是将自然引入城市和生态园林等理念应用于城市建设中，建立适合城市生态系统的人工植物群落。

（一）观赏型人工植物群落

观赏型人工植物群落是对景观、生态和人的心理、生理感受进行研究，选择观赏价值高的植物，运用美学原理，科学设计、合理布局，将乔、灌、草复合配置，形成艺术美、生态美、科学美、文化美的人工植物群落。观赏型人工植物群落应注重季节的变化，如春季可营造观花的植物群落，秋季可把握季相变化营造秋季植物群落。

（二）环保型人工植物群落

植物具有吸收、吸附有毒气体和污染物的功能，选择抗污能力强的植物组

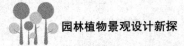

合成抗污性较强的复层植物群落，可以改善局部污染环境，促进生态平衡，提高生态效益，美化环境。

（三）保健型人工植物群落

保健型人工植物群落是利用植物挥发的有益物质和分泌物，为达到增强体质、预防疾病、治疗疾病的目的而营造的植物群落。松柏类、核桃等植物具有杀菌功能，尤其适合疗养院、医院等单位应用。

（四）知识型人工植物群落

知识型植物群落的营造注重知识性、趣味性，按植物分类系统或种群系统种植，具有科普性、研究性，对珍贵稀有物种和濒临灭绝物种进行引入和保护的人工植物群落，如植物园、动物园等。该群落植物种类丰富，景观多样，既保护和利用了种质资源，同时也激发人们热爱自然和保护环境的意识。

（五）生产型人工植物群落

生产型人工植物群落是指将具有经济价值的乔、灌、草、花，根据不同的建设需要，而营造的人工植物群落，如苗圃、药圃等。

第三节　园林植物景观设计的美学原理

一、园林植物色彩美原理

随着城市的不断发展和城市建设的飞速更新，人们也越来越重视与城市建设发展相匹配的城市绿化问题。城市如何美化，怎样的绿化会更符合人们的精神层面要求是值得园林工作者深思的，同样色彩在园林中的作用也在日益增强，色彩的应用越来越广，它已经成为现代文化和社会生活的一个显著标志。园林景观是随季节和时间变化的，设计者要懂得如何合理运用植物本身的色彩、季相的变化、形态的不同创造出令人心情愉悦的园林景观。色彩作为一种造型语言在园林景观运用中发挥着主要作用。

美有很多种，不同的人对美的认识不同，所以对美的定义就有所不同，我们无法用固定的形式评判美与丑，人们的经历不同、生活的环境不同、宗教信仰不同以及受教育水平的不同都会导致人们对同一事物表现出不同反应。但是，即使是各方面的背景都不相同，对于美，可以统称为可以带给人感官及心灵上愉悦的事物。

一般情况下，人都通过视觉获取各种信息，其中色彩是十分重要的信息之一。除了客观上的观察之外，人经常还会通过色彩来对事物的状态、情形和感觉做出判断。色彩被认为是一种可以激发情感、刺激感官的元素。

因此，在园林植物造景设计中色彩是非常重要的元素，是针对目标群体的要求、习惯与兴趣爱好来创造传神的作品时不容忽视的要素。色彩传递给人的信息是非常直接的，在第一眼看见事物的瞬间，人的主观思维中就会形成一种印象。所以，可以毫不夸张地讲，不同的色彩应用足以左右设计本身的效果和表现力。

（一）色彩的基本知识

1. 色彩的概念

色彩是人脑识别反射光的强弱和不同波长的光所产生的差异的感觉，是最基本的视觉反应之一。物体被光线照射，反射光被人脑接收形成"色彩"的认识。光照是色彩之源，没有光照就不存在色彩，人们在日常生活中用肉眼所见的色彩并不是物体本身的色彩，我们所看到的是物体本身的色彩吸收的太阳光线及环境色之后的颜色。

光波是电磁波的一种，电磁波包括 X 射线、紫外线等很多种，其中人类能够看见的光波称为可见光，根据可见光电磁波波长由短到长的顺序，可以识别蓝紫色、紫色、青绿色、绿色、黄绿色、黄色、橙色、红色等色彩。光线中包含着很多种色彩，但光线本身却是无色的。

2. 色彩的三属性

色彩有三属性，分别为色相、明度、纯度，一般情况下可以根据色彩的三属性对其进行分类。理解色彩的三属性有助于更好地掌握和运用色彩。

色相，即色彩的相貌，是指物理学或心理学上区别红、黄、蓝等色感的要素之一，同时也指色彩本身。色相的五种基本色为红、黄、绿、蓝、紫，五种中间色为橙、黄绿、青绿、蓝紫、红紫。有了对色相的基本了解，配色实践就变得简单多了。

明度，是指色彩本身的明暗程度，在色彩中明度最高的就是白色，明度最低的是黑色。因此在任何一种色彩中添加白色其明度就会上升，相反添加黑色其明度就会下降。

纯度，是指色彩的鲜艳程度，也就是每一种颜色色素的饱和程度。达到了饱和状态的色彩纯度最高，一种颜色越鲜艳说明其纯度越高。由三原色调配

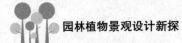

而得的其他颜色则纯度较低，也就是颜色越暗淡其纯度越低。不同色相的色彩的纯度不尽相同，其明度也不尽相同。在进行色彩运用时，纯度越高的色彩越容易给人鲜艳热烈、朝气蓬勃的印象，而纯度越低的色彩越容易给人天然朴素、成熟稳重的印象。

色彩的三属性既独立又相互联系，了解色彩的三属性是灵活熟练运用色彩的必修课，掌握好色彩的三属性就不会在色彩运用中出现较大的错误。

3. 有彩色与无彩色

色彩大体上可以分为有彩色和无彩色两类。无彩色通常指的是黑色、白色和黑白两色相混的各种深浅不同的灰色，也称黑白系列。这种在色彩属性中只有明度一个属性的色彩，从物理学角度看它们没有可见光谱，所以不能称为色彩，但是从心理学上讲它又具有完整的色彩特征，应该包括在色彩体系之中。无彩色里没有色相与纯度，只有明度上的变化，类似于深灰、浅灰，深黑、浅黑等。有彩色是指拥有色彩的三个属性的颜色，包括可见光谱中的全部色彩。

4. 色调

色调是指整体色彩外观的重要特征和基本倾向。色调是指色彩的浓淡、强弱程度，是通过色彩的明度、纯度综合表现色彩状态的概念。色调在很多情况下，决定着色彩的印象与感觉，只要在色彩搭配中保持整体画面的色调一致，就能展现统一的配色效果。

色调是人认识色彩过程中非常重要的概念，它体现了一个人的审美感情、趣味和心理需求。色调是每个园林植物景观设计工作者应该了解和掌握的。把握好色调就把握好了整个园林植物配色设计的大方向。

（二）色彩的印象

在色彩三要素中，色相对人心理的影响最大。人在捕捉、认识色彩时，首先识别到的是色相。色相大体上可以分为暖色系和冷色系两大色系。一般来讲，暖色系的色彩体现活跃、兴奋等动感的印象，冷色系色彩体现稳重、安逸等静态的印象。紫色、绿色既不属于暖色系也不属于冷色系，称为中间色。中间色基本不能单独营造冷暖的印象。依照个人的感官情感而定义，整体表现很中性。在设计中应充分利用色彩的这种特性，在不同的环境和气氛中运用不同的冷暖色调。如严寒地带应多用暖色调色彩的组合，使人感觉温暖。而热带宜多用冷色调的色彩组合，使人感觉清凉。初秋宜多用暖色花卉，而夏季多用冷色花卉。色彩对人除了有一定的生理、心理作用，还有一定的保健、康复作用。颜色时时刻刻与人们的生活联系在一起，它影响着人们的精神和情绪。色彩在环境造型中是最容易让人感动的设计要素。色彩可以增加表现力和感染力，通过给人造成的视觉刺激，通过记忆联想、想象产生心理和生理反应而达到心理共鸣，大大增加环境的表现力，从而对环境气氛起到强化和烘托作用。因此在进行植物造景的色彩搭配时应在把握好色彩情感语言的基础上，充分了解地方民众对色彩的情感偏好，使植物造景能通过色彩风貌传达当地人的情感并反映地方特色。

1. 带有暖意的活跃印象

虽然色彩所代表的含义在每个人眼里并不是相同的，因个人的情绪、思想和文化差异而有所出入，但大多数人还是会存在很多共通的特质。在所有的色彩感觉当中，最有特点的就是能使人感受到温暖的暖色系色彩。

以红色和黄色为中心的色彩属于暖色系色彩，其中包括红色、橘红色、橘黄色、黄色等，红色代表着热情、爱、华丽辉煌的生命力以及活力，同时能刺激和兴奋神经系统，增加肾上腺素分泌和增强血液循环。橘红色介于红色与橘色两者之间，与橘黄色一并给人活跃、温暖、朝气蓬勃的感觉，使人感觉明朗；还能产生活力、诱发食欲、有助于机体恢复和保持健康。黄色明亮，且轻快宽厚，带给人轻快的幽默感，也可刺激神经和消化系统，加强逻辑思维。在生理上，由于这几种色光的波长比较长，有扩张、延伸视线的效果，在视觉上有拉近距离感及扩散感。

生活于都市中的人工作压力、生活压力都很大，经常会有心情郁闷、沉重之感。在园林植物造景中，应把暖色系的植物多应用于热烈欢快、喜庆的场合中，如节假日广场上布置的花坛，创造欢快的节日气氛。同时也可多应用于康复中心等地，通过鲜艳、亮丽的色彩鼓励患者。

2. 带有寒冷的清凉印象

与暖色系相反，冷色系通常会给人以凉爽、清新的感觉，让人镇静。以蓝色为中心的色彩属于冷色系，其中包括蓝色、蓝紫色、蓝绿色等，蓝色代表着冷静、知识与沉着，并给人清凉的感觉。蓝紫色时尚典雅、性感优美，给人神秘感。蓝色在生理上能降低脉搏、调节体内代谢平衡，蓝色的环境使人感觉优雅宁静。而蓝绿色如湖水般清澈忧郁，宛如绿宝石般让人惊艳。冷色系的植物大多给人沉静、稳重的感觉，可用于比较严肃庄重的场合，大面积的运用更能体现厚重感。如南京中山陵大量雪松的应用给人以庄严肃穆的感觉。

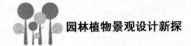

3. 带有平和的中间色系

相比较暖色系和冷色系，中间色系就比较温和，它既不会让人觉得热烈耀眼也不会使人觉得寒酷冷冽，相反地会给人一种平和之感。中间色系以红色与蓝色之间的颜色为主，这种颜色没有较强的冷暖气息，让人感觉耳目一新。可以运用于装饰性的植物，平和而又不失稳重，以营造浪漫典雅的效果。

（三）园林植物景观配色的原则

园林植物设计中色彩单体在设计中的影响力很大，而多种色彩的搭配组合能够展现出更加丰富多彩的画面。利用植物的不同色彩进行合理的搭配，会使园林植物的设计质量大大提高。

在选择色彩时，不能单纯根据个人的主观、感性和兴趣来选择，而要考虑到设计作品的用途、目的、季节感、心理效果等。

1. 单色系配色

单色系顾名思义是一种颜色，单色系配色就是利用一种颜色之间的微妙变化形成暧昧、朦胧效果的配色类型，色彩变化比较平缓，并且在同一色相内变化，在园林景观设计中展现出温柔、雅致、浪漫的一面。

在园林景观设计中，可以运用单色系配色的方法创造出比较轻松、舒缓的色彩效果。如北京植物园裸子植物区，雪松、云杉、青秆、白杆、矮紫杉相互搭配深深浅浅的绿色，给人美妙的色彩感受。

2. 类单色系配色

类单色系配色是指在色相、色调上的变化程度比单色系配色稍微大一些的配色类型，单色系配色是指在一种颜色的深浅上起变化，而类单色系配色并不是只在一种颜色上变化，比如浅粉色与粉绿色都给人以粉嫩的感觉，属于类单色系。其配色效果比单色系配色更加清晰。

园林植物应用中，如想制造大面积的画面统一感，可以统一采用浅色调或深色调。如秋季金黄的银杏叶，随着秋风飘落在绿色的草坪上，黄绿色彩交织，演绎出和谐、温馨的画面。在山谷林间、崎岖小路的闭合空间，用淡色调、类似色处理的花境来表现幽深、宁静的山林野趣。

3. 对比配色

对比色即是由对比色相互对比构成的配色。一般都是在色相盘上占两极的颜色，在色彩感觉上互相突出，如红色与绿色具有强烈的视觉冲击效果。对比色在园林景观应用中极为广泛，对比色搭配出的景色活泼热烈、能使人产生兴奋感和节奏感。如扬州瘦西湖早春湖边金黄色的连翘花与蓝色的地被植物二月兰相互对比，给人视觉震撼。"万绿丛中一点红"正是对比色的搭配。园林造景也多把对比色用在花坛或花带中，如在宽阔草坪、广场上的开阔空间用大色块、浓色调、多色对比处理的花丛、花坛来烘托明快的环境。

4. 层次感配色

层次感配色是由色相的层次感、明度的层次感和纯度的层次感发生阶段性的变化，顺序排列构成的配色。这种配色能够体现色彩的节奏感和流动效果，具有秩序性，使人感到安心、舒适，是展现多色配色效果的有效技巧之一。在园林景观中，层次感配色也是不错的选择，层次感配色如橘黄、黄色、鹅黄、浅黄。这种配色的景观整体感更强，更能产生较好的艺术效果。

二、园林植物造景的形式美原理

植物是园林景观的灵魂，植物的形式美是通过植物的形态、色彩、质地、线条等来展现的，所谓植物的形式美就是通过植物与植物之间的变化统一、尺度大小、均衡对称等基本规律来实现的。

（一）变化与统一

变化与统一是形式美的基本规律，是设计的总原则。变化与统一又称多样统一。变化，即寻找彼此之间的差异，而统一则是寻找彼此之间的共同点、共同特征。变化与统一是相辅相成的，要做到在变化中有统一，统一中又有变化，这样才能做到景观的不单调、不杂乱。

在植物景观设计中，应将景观作为一个有机整体统筹安排，达到形式和内容的统一。如规划一座城市的树种时，有基调树种、骨干树种和一般树种，基调树种种类少，但应用数量大，形成该城市的基调色彩和特色，起到统一的作用，而一般树种种类多，每一种类应用量少，起到变化的作用。又如，秋色叶树配置在一起，形成统一的秋季色彩，但秋色叶树有乔木、灌木，其色彩有红色、紫红色、橙色、黄色等，这就形成统一中有变化。

（二）节奏与韵律

节奏是规律性的重复。节奏在造型艺术中被认为是反复的形态和构造，在一幅图画中把图形等距离地反复排列就会产生节奏感。在植物配置中，同一种植物按一定的规律重复出现，自然就会形成一种节奏感，这种节奏感通常是活泼的并且能使人产生愉悦的心情。

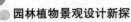

韵律分为渐变韵律、交替韵律和连续韵律等。渐变韵律是以同一种植物的大小不同、形状不同而形成的渐变趋势，渐变韵律最为丰富多彩也最为复杂。如人工修剪的绿篱，可以修剪成形状、大小都不同的图案并呈渐变的趋势，能在配置之中增添活泼、生动的趣味。交替韵律通常是采用两种树木相间隔的种植，最绝妙的就是杭州西湖苏堤上的"杭州西湖六吊桥，一株杨柳一株桃"，把交替韵律的美感体现得淋漓尽致。连续韵律是最为普通又最好表现的一种韵律，不管是选择植物种类还是排列顺序都较前两种更简单，同一树种等距离排列栽植最能体现连续韵律。连续韵律多用于行道树配置中，也可以用于道路分隔绿带中。

（三）对比与调和

对比是通过对两种不同形式景观的差异做比较，由不同元素在形态、色彩、质地上的不同而形成视觉差异，使彼此的特色更加明显。对比在植物配置中更多的是能显示出一种张力，使画面更加跳跃、活泼。

调和是利用不同元素的近似性或一致性，使人们在视觉上、心理上产生协调感，如果说对比强调的是差异，而调和强调的就是统一。

植物的景观元素是由植物的色彩、形态、质地等构成的，这些元素存在着深浅、大小、粗细、刚柔、疏密、动静等不同，通过对比和调和使这些元素达到变化中有统一。

1. 质感的对比与调和

园林景观中通过合理使用不同质感、类型的植物材料，注重质感间的调和，提高统一的质感效果。如在山石周围种植苏铁、常春藤等植物，山石与周围配植的植物虽有显著不同，但也有某些共性，山石具有粗糙、粗犷的质感，而苏铁、常春藤也同样具有粗犷感，它们在质感上达到了统一，并且相互衬托，共同显示出了一种粗犷美，远远超过了单一素材所带来的质感感受。园林中也可通过质感对比活跃气氛，突出主题，使各种素材的优点相得益彰。质感的对比包括粗糙与光滑、坚硬与柔软、粗犷与细腻、沉重与轻巧的对比等。如细致的迎春花在粗犷的山石衬托下更显现其精美。悬铃木粗壮、厚重的质感与红花酢浆草纤细、轻柔的质感形成对比，在不同的质感对比中产生了美。

2. 空间的对比与调和

在植物配置中巧妙利用植物空间的对比与调和，会使人心情豁然开朗。在植物种植中，空间的对比是必不可少的。草坪、开阔水面、地被植物、草本花卉等视线通透，视野辽阔，容易让人心胸开阔，心情舒畅，产生轻松自由的满足感，而狭窄的胡同、浓密树冠围合的封闭空间使人感觉幽静神秘，通过空间的转化，可以增加景观层次的多重变化，有引人入胜之功效。比如南京瞻园西入口首先进入幽暗的门屋，迎面的院墙上有一个洞门，透过洞门依稀可见园内景色，整个入口部分内敛、幽暗，而穿过曲廊，几经转折，园景豁然开朗，静妙堂和大假山顿入眼帘，开阔的视野和入口的封闭形成强烈的对比，令人的视觉受到强烈冲击，形成空间感觉的交替变换。

3. 方向的对比与调和

方向的对比与调和强调的是画面整体感，植物景观具有线性的方向性，通过对比与调和，可以增加景深和层次。如上海世纪公园一处水平方向的空旷草坪与垂直方向挺直的池杉形成强烈的对比，不仅拉开空间上的层次更使人心旷神怡。

4. 色彩的对比与调和

色彩的对比与调和，是色彩关系配合中辩证的两个方面，其目的就是形成色彩组合的统一协调。通常一种色彩中包含另一种色彩的成分，如红与橙、橙与黄、黄与绿、绿与蓝、蓝与紫以及紫与红；在色盘上位置离得远的或处于对称的位置，红与绿、黄与紫、蓝与橙则为对比色。

任何一种植物配置中都会考虑色彩搭配，对比色彩会显得张扬奔放，活泼俏丽，视觉冲击力大，容易形成个性很强的视觉效果。而植物色彩的调和能给人安静、宁静、清新的感觉，如杭州西溪湿地的湖边都种植一些高大的绿色植物，植物的绿色与湖水的蓝色相衬让游人仿佛进入一个清新、宁静的天堂。

（四）均衡与稳定

在平面上构图平衡为均衡，在立面上的构图平衡则为稳定。均衡与稳定是人们在心理上对对称或不对称景观在重量上的感受。一般，体积大、数量多、色彩浓重、质地粗糙、枝叶茂密的植物，给人以重的感觉；反之，体积小、数量少、色彩素雅、质地细柔、枝叶疏朗的植物，给人以轻盈的感觉。在景观设计中，合理处理轻重缓急，使整体景观处于对称均衡和不对称均衡的完美状态。

1. 对称均衡

对称均衡是运用园林植物的形态、数量、色彩、质地等达到均衡，一般适用于规则式园林。如行道树种植，采用的就是对称均衡，给人整齐庄重的感觉。对称均衡也常用于比较庄重的场合，如陵园、墓地或寺庙等。

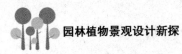

2. 不对称均衡

不对称均衡常用于自然式种植，如花园、公园、植物园、风景区等，赋予景观自然生动的感觉，通过植物体量、数量、色彩的不同，达到人心理的自然平衡。

（五）主景与配景

任何一个作品，不论是一幅风景优美的油画还是设计精美的雕塑、建筑，都应该遵循有主有从的原则，山有主峰、水有主流、建筑有主体、音乐有主旋律、诗文有主题，园林植物景观也是如此。

在植物景观设计中，主景一般形体高大，或形态优美，或色彩鲜明，配置中主景一般安排在中轴线上、节点处或制高点，从属的景物置于两侧副轴线上，主次搭配合理，景观才能和谐、生动。

（六）比例与尺度

比例是指整体与局部或局部与局部之间大小、高低的关系，尺度是指与人有关的物体实际大小。

比例与尺度是园林空间景观形成的重要元素，园林中的尺度，是指园林空间中各个组成部分与具有一定自然尺度的物体的比例关系。在园林景观中，植物个体之间、植物个体与群体之间、植物与环境之间、植物与观赏者之间，都存在着比例与尺度的关系，比例与尺度恰当与否直接影响景观效果。

尺度是对量的表达，园林空间中大到街道、广场，小到花坛、座椅、花草树木的尺寸都取决于功能的要求，空间的尺度设计必须满足尺度规范，力求人性化。

形式美规律对景观设计起着指导性的作用，它们是相互联系、综合运用的，并不能截然分开，只有在充分了解多样统一、节奏与韵律、尺度与比例、对比与调和、对称与均衡、主从与重点等方法的基础上，加上更多的专业设计实践，才能很好地将这些设计手法熟记于心，灵活运用于方案之中。赋予自己的景观作品以灵魂，使景观作品在自然美、建筑美、环境美与使用功能上达到有机统一。

三、园林植物的意境美

"意境"是观赏者通过视觉得到的物像，运用理性的思维方式，不断地对物像进行提炼与升华，最终达到精神层面的享受。园林植物的意境美反映了人们对自然的热爱所产生的独特美感，即"触景生情"，情景交融是自然美与人的审美观、人格观的相互融合，使植物景观从形态美升华到意境美，达到天人合一的完美境界。中国的历史悠久，许多植物被人格化，如松、竹、梅被称为"岁寒三友"，象征着坚贞、气节和理想，代表着高尚的品质；梅、兰、竹、菊被喻为四君子；广玉兰、海棠、牡丹、桂花代表长寿富贵。

松树是坚贞、孤直和高洁的象征，"大雪压青松，青松挺且直""万丈危崖上，根深百尺中"揭示了松树面对风雪傲然挺立、无畏无惧、坚贞不屈的品格，被历代文人视为君子品行的象征。园林中常用于烈士陵园以纪念革命先烈，如毛主席纪念堂南面的油松配置、上海龙华公园入口处黑松的应用，都象征着永存、不朽。

梅花树形秀美多样，花姿优美多态，花色艳丽多彩，气味芬芳袭人。梅花品格高尚，铁骨铮铮。它不怕天寒地冻，不畏冰袭雪侵，不惧霜刀风险，不屈不挠，昂首怒放，独具风采。梅花，一向是诗人赞颂的对象，其中林逋的"疏影横斜水清浅，暗香浮动月黄昏"是梅花以雅致、韵味取胜的千古绝句。"万花敢向雪中出，一树独先天下春""俏也不争春，只把春来报。待到山花烂漫时，她在丛中笑"，歌颂了梅花坚强不屈，超脱凡俗的傲骨。园林中以梅花命名的景点极多，如梅岭、梅岗、梅坞、梅溪、梅花村、梅花山等。

竹子清雅隽秀，坚韧挺拔，高风亮节，历来为文人墨客所喜爱。"未出土时先有节，及凌云外尚虚心""咬定青山不放松，立根原在破岩中。千磨万击还坚劲，任尔东西南北风"可谓千古绝唱！竹子被视为最有气节的君子，竹的心境是淡泊的，不附高贵，不避贫寒，虚怀若谷，坚韧不拔，宁折不弯，两袖清风。园林中竹常用于小路，体现"曲径通幽"，私家园林中也常置于墙角。

兰花，叶形飘逸，花姿秀丽，花色淡雅，香味清韵。兰花生长在深山幽谷中，故有"空谷佳人"的美称。李白有过"幽兰香飘远，蕙草流芳根"的千古佳句，充满了对兰花的赞美。"庭院有兰清香弥漫。居室有兰，满堂飘香"。兰花以它独特的自然魅力、高雅的艺术魅力、可贵的人格魅力赢得人们的青睐。

牡丹素有"国色天香""花中之王"的美称。牡丹是我国的传统名花，牡丹雍容华贵、富丽堂皇、倾国倾城，自古就有富贵吉祥、繁荣昌盛的寓意。牡丹劲骨刚心的形象和民族气节，让不少文人赞叹。李清照《庆清朝》中写出牡丹的容颜、姿态、神采，展现了其在风月丛中，与春为伴、傲然怒放的自信和坦荡："待得群花过后，一番风露晓妆新。妖娆艳态，妒风笑月，长殢东君。"借以表达作者的傲骨清风。园林中牡丹可在公园和风景区建立专类园。亦可在古典园林和居民院落中筑花台种植，也可在园林绿地中自然式孤植、丛植或片植，还适于布置花境、花坛、花带、盆栽观赏。

桃花在民间象征幸福、交好运。早在《诗·周南》中便有"桃之夭夭，灼灼其华"的名句。桃花又和爱情相关联，唐诗有"去年今日此门中，人面桃花相映红，人面不知何处去，桃花依旧笑春风"。人们把感情寄托在桃花上，将美丽的往事抒发在诗情中。桃树与避邪、避凶等民间传统风俗相连，在《典术》中有"桃之精生于鬼门，以制百鬼，故今作桃梗人悬门以压邪"的说法。园林中，桃树常与柳树间植，形成桃红柳绿的景观。

植物景观意境创造源于设计者的艺术修养和文化底蕴，园林景观设计工作人员应不断地积累文化知识，提升自身的修养，才能设计出兼具景观美和意境美的园林景观。

第四章 园林植物景观设计的程序及表现手法

园林种植设计的思想和意图必须通过园林制图表现，即用园林种植设计图表现出来，该过程就是园林种植设计的程序和表现。本章首先介绍园林种植设计的程序，然后介绍园林种植设计的表现方法。

第一节 任务书的解读

任何一个项目的开始都是对任务书的解读，所以植物景观设计的第一步就是熟悉设计任务书，客户在开发初期设想的时候，脑海中就已经有了明确的目标，一般包括设计场地规模、项目、要求、建设条件、基地面积（通常有由城建部门所划定的地界红线）、建设投资、设计与建设进程等。设计任务书内容常以文字说明为主，必要情况下辅以少量的资料图纸，通过对设计任务书的解读可以充分了解客户的具体要求，以确定下一步的设计工作中哪些是重点，是必须要深入细致调查的，应分析哪些是次要关注和考虑的，并且进行相应的设计表达。

此外，作为设计师，在和客户沟通咨询的同时，应对客户确立的目标提出有依据的、建设性的修改意见，进而编制一个全面的景观设计任务书。

不同类型的景观设计其任务书的表述方式、形式也不相同，任务书的内容包括以下三个方面。

基础资料：包括项目的地点、建设背景、项目名称和基地的地形图。

设计内容：包括项目的性质、功能、等级和本次设计的范围、深度等。

成果要求：包括对文字说明、经济技术指标的要求，图纸的种类、数量和相应的比例等。

解读任务书时首先要通读全文，从而形成一个整体的印象，如项目的类型、

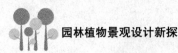

功能、图纸数量等，设计任务书中的信息是多方面的，因此还应有针对性地再阅读，对重点文字进行详细的分析解读。

任务书中除了植物景观设计的要求外，还包括地形设计要求、图纸要求、客户的偏好、计划投资金额等。在进行项目设计之前就必须全面认识这些综合性问题。设计者应该满足客户的这些要求，并在和客户接触的过程中深刻理解项目。

第二节　园林种植设计的程序

园林种植设计的程序应根据规划设计对象的性质、尺度和内容的不同而变化，但一般来说，都是按照调查、规划、设计、施工、管理的程序进行的。在此将园林种植设计的程序分为调查、构思、方案设计、详细设计和施工图设计五个阶段进行介绍。

在园林设计中，植物与建筑、水体、地形等有同等重要的作用，因此在设计过程中应该尽早考虑植物景观，并且应该按程序、按步骤逐渐深入。

一、调查阶段

调查阶段的目的是明确设计的性质、功能、布局、风格，明确种植以及具体操作中各种因素之间的关系取舍。调查是整个设计程序的关键。

（一）园林绿地基础资料

定位。明确绿地性质、功能、整体布局、设计风格等。

界限。明确绿地所处地理位置、红线范围、占地面积等。

地形。明确绿地周边地形高差变化、基地内部坡度变化、主要地形、现有建筑物室内外高差、挡土墙等构筑物的顶端与底部高差。

原有构筑物。明确围栏、墙、踏跺、平台、道路等的位置、现状和材料。

公共设施。明确污水、雨水、电力、通信、煤气、暖气等管道的位置、分布、地上高度与地下深度等，了解设施与市政管道的联系情况。

（二）自然条件资料

1. 小气候

小气候是指基地中特有的气候条件，即较小区域内的温度、光照、水分、风力等综合因子。每块基地都有着不同于其他区域的气候条件，它是由基地的地形地势、方位、植被以及建筑物的位置、朝向、形状、大小、高度等条件决定的。

2. 光照

光照是影响植物生长的一个非常重要的因子，设计师需要分析基地中日照的状况，掌握太阳在一天中及一年中的运动规律。其中最重要的就是太阳高度角和方位角两个参数，一天中，中午太阳的高度角最大，日出和日落时太阳方位角最小；一年中夏至时太阳方位角和日照时数最大，冬至时最小。根据太阳高度角、方位角的变化规律，可以确定建筑物、构筑物投下的阴影范围，从而确定出基地中的日照分区，即确定全阴区（永久无日照）、半阴区（某些时段有日照）和全阳区（永久有日照）。

一般在建筑的南面光照最充足、日照时间最长，适宜开展活动和设置休息空间，但夏季的中午和午后温度较高，需要遮阴。根据太阳高度角和方位角测算，遮阴效果最好的位置应该在建筑物西南面或者南面，可以利用遮阴树，也可以使用棚架结合攀缘植物进行遮阴，并应该尽量靠近需要遮阴的地段（建筑物或者休息、活动空间），但要注意地下管线的分布以及防火等技术要求。另外，冬季寒冷，为了延长室外空间的使用时间，提高居住环境的舒适度，室外休闲空间或室内居住空间都应该保证充足的光照，因此建筑南面的遮阴树应该选择分枝点高的落叶乔木，避免栽植常绿植物。在建筑的东面或者东南面太阳高度角较低，所以可以考虑利用攀缘植物或者灌木进行遮阴。建筑的西面光照较为充足，可以栽植阳性植物，而北面光照不足，只能栽植耐阴植物。

3. 风

各个地区都有当地的盛行风向，根据当地的气象资料可以得到这方面的信息。关于风最直观的表示方法就是风向玫瑰图，风向玫瑰图是根据某地风向观测资料绘制出形似玫瑰花的图形，用以表示风向频率。风向玫瑰图中最长边表示的就是当地出现频率最高的风向，即当地的主导风向。通常基地小环境中的风向与这一地区的风向基本相同，但如果基地中有大型建筑、地形或者大的水面、林地等，基地中的风向也可能发生改变。

北方地区，基地中的风向有以下规律：一年中建筑的南面、西南面、西面、西北面、北面风较多，而东面风较少，其中夏季以南风、西南风为主，而寒冷冬季则以西北风和北风为主。因此，在建筑的西北面和北面应该设置由常绿植物组成的防风屏障，在建筑的南面和西南面则应铺设低矮的地被和草坪，或者种植分枝点较高的乔木，形成开阔界面，结合水面、绿地等构筑顺畅的通风渠道。

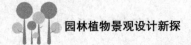

（三）周边环境资料

周边环境资料包括：①基地周边土地用地类型、状况和特点，相邻环境的构造和地质情况；②周边植物种类、色调、生长情况等；③相邻地区主要机关、单位、居住区等分布情况及出入口位置等；④相邻建筑物的建筑风格。

（四）植物资料

植物资料包括：①绿地所处城市范围内生物多样性的情况；②该区域乡土树种、骨干树种的名录、分布及开发利用条件；③该区域的名木古树的种类及分布；④当地园林植物的引种及驯化情况。

二、构思阶段

（一）现状分析

现状分析是设计的基础、设计的依据，尤其是对于与基地环境因素密切相关的植物，基地的现状分析更是关系到植物的选择、植物的生长、植物景观的创造、功能的发挥等一系列问题。

现状分析的内容包括：基地自然条件（地形、土壤、光照、植被等）分析、环境条件分析、景观定位分析、服务对象分析、经济技术指标分析等。可见，现状分析的内容是比较复杂的，要想获得准确、翔实的分析结果，一般要多专业配合，按照专业分项进行，然后将分析结果分别标注在一系列的底图上（一般使用硫酸纸等透明的图纸材料），然后将它们叠加在一起，进行综合分析，并绘制基地的综合分析图，这种方法称为叠图法，是现状分析的常用方法。如果使用 CAD 绘制就要简单些，可以将不同的内容绘制在不同的图层中，使用时根据需要打开或者关闭图层即可。

现状分析是为下一步的设计打基础，对于植物种植设计而言，凡是与植物有关的因素都要考虑，如光照、水分、温度、风、人工设施、地下管线和视觉质量等。

在全面了解基址自身及周边环境的资料、明确绿地用地性质后，将各种现状资料归类、综合分析。抓住基址的特点和重点，进一步明确基址的优缺点，并审阅工程委托人的要求。

设计者必须认真到现场进行实地踏查和对欠缺资料的实测，并进行实地的艺术构思，确定植物景观大致的轮廓、配置形式，通过视线分析，确定周围景观对该地段的影响，"佳者收之，俗者弃之"。

另外，现状分析图法也是常用的分析方法。现状分析图是将收集到的资料和在现场调查得到的资料用特殊的符号标注在基地底图上，并对其进行综合分析和评价。本实例将现状分析的内容放在同一张图纸中，这种做法比较直观，但图纸中表述的内容较多，所以适合于现状条件不是太复杂的情况，包括主导风向、光照、水分、主要设施、噪声、视线质量和外围环境等分析内容，通过图纸可以全面了解基地的现状。

现状分析是为了更好地指导设计，所以不仅仅要有分析的内容，还要有分析的结论。对基地条件进行评价，得出基地中对于植物栽植和景观创造有利和不利的条件，并提出解决的方法。

（二）功能分区

1.功能分区的内容

结合现状分析，在植物功能分区的基础上，将各个功能分区继续分解为若干不同的区段，进行植物的种植形式、类型、大小、高度、形态等方面的内容设计。设计师根据现状分析以及设计意向书，确定基地的功能区域，将基地划分为若干功能区，在此过程中需要明确以下问题。

①场地中需要设置何种功能，每一种功能所需的面积。

②各个功能区之间的关系。

③各个功能区的服务对象、空间类型。

每个景观设计都要进行分区，有以功能为主的功能分区，也有以景观为主的景观分区，功能和景观的具体分区内容应根据公园的大小来决定，如面积较小的游园或居住区小游园则不必设管理处或花圃、苗圃等区域，可设功能与景观结合在一起的功能景观分区。在居住区游园中，往往根据不同年龄段游人的活动规律，不同兴趣爱好游人的需要，确定不同的分区，以满足不同的功能需要。文化娱乐区是园之"闹"区，人流相对集中，可置于较中心地带；安静休息区是园之"静"区，占地面积较大，可置于相对安静的地带，也可根据地形分散设置；儿童活动区相对独立，宜置于入口附近，不宜与成人体育活动区相邻，更不能混在一起，如若相邻，必以树林分隔；观赏植物区应根据植物的生态习性安排相应的地段。

2.功能分区图

（1）程序和方法

功能分区是示意性的，可用圆圈或抽象图形表示。通常设计者用圆圈或其

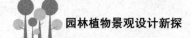

他抽象的符号表示功能分区，即泡泡图。图中应标示出分区的位置、范围，各分区之间的联系等，分区的景名犹如画龙点睛，能提升园的品位，应加强文化气息，并与全园的主题相扣。在功能分区示意图的基础上，根据植物的功能，确定植物功能分区，即根据各分区的功能确定植物的主要配置方式。

（2）具体步骤

①确定种植范围。用图线标示出各种植物的种植区域和面积，并注意各个区域之间的联系和过渡。

②确定植物的类型。根据植物种植分区规划选择的植物类型。

③分析植物组合效果。主要是明确植物的规格。最好的方法是通过绘制立面图，设计师通过立面图分析植物高度组合，一方面可以判定这种组合是否能够形成优美、流畅的林冠线；另一方面可以判断这种组合是否能够满足功能需要，如私密性、防风性需要等。

④选择植物的颜色和质地。在分析植物组合效果的时候，可以适当考虑植物颜色和质地的搭配，以便在下一环节能够选择适宜的植物。

以上这两个环节都没有涉及具体的某一种植物，完全从宏观入手确定植物的分布情况。就如同绘画一样，首先需要建立一个整体的轮廓，而并非具体的某一细节，只有这样才能保证设计中各部分紧密联系，形成一个统一的整体。另外，在自然界中植物的生长也并非是孤立的，而是以植物群落的方式存在的，这样的植物景观效果最佳、生态效益最好，因此，植物种植设计应该首先从总体入手。

三、方案设计阶段

（一）确定孤植树

孤植树构成整个景观的骨架和主体，所以需要首先确定孤植树的位置、名称、规格和外观形态，但这并非最终的结果，在详细设计阶段可以再进行调整。

（二）确定配景植物

主景一经确定，就可以考虑其他配景植物了。如某建筑前栽植银杏与国槐，银杏可以保证夏季遮阴、冬季透光，优美的姿态也与国槐交相呼应；在建筑西南侧栽植几株山楂，白花红果，与西侧窗户形成对景，入口平台中央栽植栾树、榆叶梅，形成视觉焦点和空间标示。

（三）选择其他植物

根据现状分析按照基地分区以及植物的功能要求来选择配置其他植物。

四、详细设计阶段

对照设计意向书，结合现状分析、功能分区、初步设计阶段的工作成果，进行设计方案的修改和调整。详细设计阶段应该从植物的形状、色彩、质感、季相变化、生长速度和生长习性等方面进行综合分析，以满足设计方案的要求。

详细设计图是方案设计图的具体化，一般种植设计图以植物成年期景观为模式，因此设计者需要对基地的植物种类，植物的观赏特性、生态习性十分了解，对乔灌木成年期的冠幅有准确的把握，这是完成园林植物设计图最起码的要求。

（一）植物品种选择

一是要根据基地自然状况，如光照、水分、土壤等，选择适宜的植物，即植物的生态习性应与生态环境相符。

二是植物的选择应该兼顾观赏和功能的需要，两者不可偏废。

三是植物的选择还要与设计主题和环境相吻合，如庄重、肃穆的环境应选择绿色或者深色调植物；轻松活泼的环境应该选择色彩鲜亮的植物；儿童空间应该选择花色丰富、无刺无毒的小型低矮植物。

四是在选择植物时，应该综合考虑各种因素：①基地自然条件与植物的生态习性（光照、水分、温度、土壤、风等）；②植物的观赏特性和使用功能；③当地的民俗习惯和人们的喜好；④设计主题和环境特点；⑤项目造价；⑥苗源；⑦后期养护管理等。

（二）植物的规格

园林种植详细设计图，一般按 1：250～1：500 比例作图，乔灌木冠幅一般以成年树树冠的 75% 绘制，如 16m 冠幅的乔木，按 75% 计算为 12m，按 1：300 比例制图，应画直径 4cm 的圆，以此计算不同规格的植物作画时所画的冠幅直径。

绘制成年树冠幅（75%）一般可以分为如下几个规格：

乔木：大乔木 10～12m；中乔木 6～8m；小乔木 4～5m。

灌木：大灌木 3～4m；中灌木 2～2.5m；小灌木 1～1.5m。

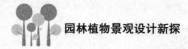

（三）植物布局形式

植物布局形式取决于园林景观的风格，如规则式、自然式等，它们在植物配置形式上风格迥异、各有千秋。另外，植物的布局形式应该与其他构景要素相协调，如建筑、地形、铺装、道路、水体等。

（四）植物栽植密度

植物栽植密度就是植物种植间距的大小，要想获得理想的植物景观效果，应该在满足植物正常生长的前提下，保证植物成熟后相互搭接，形成植物组团。

另外，植物的栽植密度还取决于所选植物的生长速度，对于速生树种，间距可以稍微大些，因为它们会很快长大，填满整个空间；相反的，对于慢生树种，间距要适当减小，以保证其在尽量短的时间内获得效果。所以说，植物种植最好是速生树种和慢生树种组合搭配。

如果栽植的是幼苗，而客户又要求短期内获得景观效果，那就需要采取密植的方式，也就是说增加种植数量，减小栽植间距，当植物生长到一定时期后再进行适当的间伐，以满足观赏和植物生长的需要。

五、施工图设计阶段

施工图是园林施工的依据，园林植物种植设计图是植物过二三十年后所呈现的景观面貌，而园林种植施工图则是栽种近期的植物景观，是施工人员施工时的用图，图中树木的冠幅是按苗圃出圃的苗木规格绘制的。一套完整表达种植设计意图的设计图纸，其内容包括以下几点。

①分别对乔、灌、草等不同类别的园林植物绘制施工图。

②对于园址过大、地形过于复杂等的设计，宜先选用不同的线型对地块进行划分，通过图号索引，运用分图的形式分别对不同地块的种植设计进行表达。

③对单体植物与群体植物应标注具体植物名称、种植点分布位置（包括重要点位的坐标等），并且对植物要有清晰明确的数字或文字标注（明确植物规格、数量、造型要求等）。

④施工图是栽种时近期所呈现的景观面貌，是施工人员施工时用的图纸，图中树木的冠幅是按苗圃出圃的苗木规格绘制的。苗木出圃时枝条经过修剪，因此冠幅较小，施工图中绘制苗木冠幅如下：

乔木：大苗 3～4m；小苗 1.5～2m。

灌木：大苗 1.0～1.5m；小苗 0.5～1.0m。

针叶树：大苗 2.5～3.0m；小苗 1.5～2.5m。

⑤对原有保留植物的位置、坐标要标清楚，图纸上填充树与保留树的绘制要加以区别，以免产生视觉混乱和设计意图不清晰等问题。

⑥对于重要位置需要用大样图进行表达。对于景观要求细致或重要主景位置的种植局部图、施工图应有具体、详尽的立面图和剖面图、植物最佳观赏面的图片以及文字标注、数字标高等，以明确植物与周边环境的高差关系。

⑦对于片状种植区域，应标明种植区域范围的边界线、植物种类、种植密度等。对于规则式或造型植物的种植，可用尺寸标注法标明。此外，不同种类的片状种植区域还应标清楚其修剪或种植高度。对于自然式的片状种植区域可采用网格法等方法进行标注。

⑧配合图纸的植物图例编号、数字编号等，在苗木表中要将植物名称标注清楚；此外，由于植物的商品名、中文名重复率高，为避免在苗木购买时产生误解和混乱，还应相应地标注拉丁名，以便识别。苗木表还应对植物的具体规格、用量、种植密度、造型要求等内容标注清楚。

⑨如园址面积过大或对种植区域进行划分，应在分图中附加苗木表，在总图上还应附上苗木总表，对各分图的苗木情况进行汇总，方便统计与查阅。

⑩安排好填充树种后，设计者应该能够预见由于树木生长，多少年后植株的生长空间也缩小，这时就应该移植或者填充树，以免影响保留树的正常生长，这些预见性的提示必须写入设计说明书中，尤其应让养护管理人员明了。

第三节　园林植物的表现技法

自 2015 年 9 月起实施的《风景园林制图标准》（简称《标准》）对植物的平面及立面表现方法做了规定和说明，图纸表应参照《标准》的要求和方法执行，并应根据植物的形态特征确定相应的植物图例或图示。作为设计师除了要掌握植物的绘制方法，还应拥有一套专用植物图库（平面图、立面图、效果图），以便在设计过程中选用。

一、乔木在园林设计中的表现技法

（一）平面表现

乔木的平面图就是树木树冠和树干的平面投影（顶视图），最简单的表示方法就是以种植点为圆心，以树木冠幅为直径作圆，并通过数字、符号区分不同的植物，即乔木的平面图例。树木平面图例的表现方法有很多种，常用的有轮廓型、枝干型、枝叶型等三种。

1. 轮廓型

确定种植点，绘制树木平面投影的轮廓，可以是圆，也可以带有棱角或者凹缺。

2. 枝干型

作出树木树干和枝条的水平投影，用粗细不同的线条表现树木的枝干。

3. 枝叶型

在枝干型的基础上添加植物叶丛的投影，可以利用线条或者圆点表现枝叶的质感。

在绘制的时候为了方便识别和记忆，树木的平面图例最好与其形态特征相一致，尤其是针叶树种与阔叶树种应该加以区分。

此外，为了增强图面的表现效果，常在植物平面图例的基础上添加落影。树木的地面落影与树冠的形状、光线的角度等有关，在园林设计图中常用落影圆表示；也可以在此基础上稍做变动。作树木落影的方法：先选定平面光线入射的方向，定出落影量，以等圆作树冠圆和落影圆，然后擦去树冠下的落影，将其落影涂黑或是着色，并加以表现。对不同质感的地面可采用不同的树冠落影表现方法。

（二）立面表现

乔木的立面就是乔木的正立面或侧立面投影，表现方法也分为轮廓型、枝干型、枝叶型等三种类型。此外，按照表现方式树木立面表现还可以分为写实型和图案型。

（三）立体效果表现

树木的立体效果表现要比平面、立面的表现复杂，要想将植物描绘得更加逼真，必须通过长期的观察和大量的练习。绘制乔木立体景观效果图时，一般是按照由主到次、由近及远的顺序绘制的，对于单株乔木而言要按照由整体到细部、由枝干到叶片的顺序加以描绘。

1. 外观形态的表现

尽管树木种类繁多，形态多样，但都可以简化成球形、圆柱形、圆锥形等基本几何形体。首先将乔木大体轮廓勾勒出来，然后再进行下一步的描绘。

2.枝干的表现

树木的枝干部可以近似为圆柱体，所以在绘制的时候可以借助圆柱体的透视效果简化作图。另外，为了保证效果逼真，还应该注意树木枝干的生长状态和纹理，如核桃楸等植物的树皮呈不规则纵裂；油松分节生长，老树的表皮呈鳞片状开裂，而多数幼树一般树皮较为光滑或浅裂。总之，要抓住植物树干的主要特点进行描绘。

3.叶片的表现

主要表现叶片的形状和着生方式，重点刻画树木边缘和明暗分界处和前景受光处的叶子，至于大块的明部、中间色和暗部可用不同方向的笔触加以概括。

4.阴影的表现

按照光源与观察者的相对位置分为迎光和背光，不同条件下物体的明暗面和落影是不同的。所以，绘制效果图时，首先应该确定适宜的阳光照射方向和照射角度，然后根据几何形体的明暗变化规律，确定明暗分界线，再利用线条或者色彩区分明暗界面。

5.远景与近景的表现

通过远景与近景的相互映衬，可以增强效果图的层次感和立体感。首先应该注意树木在空间距离中的透视变化，分清楚远近树木在光线作用下的明暗差别。通常，近景树特征明显，层次丰富，明暗对比强烈；中景树特征比较模糊，明暗对比较弱；远景树只有轮廓特征，模糊一片。

二、灌木及地被物在园林设计中的表现技法

（一）灌木及地被物在园林设计中的平面表现技法

平面图中，单株灌木的表示方法与树木相同，如果成丛栽植可以描绘植物组团的轮廓线。自然式栽植的灌木丛轮廓线不规则，修剪的灌木丛或绿篱形状或规则或不规则但圆滑。

地被物可采用轮廓型、质感型和写实型的表现方法。作图时应以地被栽植的范围为依据，用不规则的细线勾勒出地被范围轮廓。

（二）灌木及地被物在园林设计中的立（剖）面表现技法

灌木的立面或立体效果的表现方法也与乔木相同，只不过灌木一般无主干，分支点较低，体量较小，绘制的时候应该抓住每一品种的特点加以描绘。

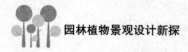

三、草坪在园林设计中的表现技法

在园林景观中草坪作为景观基底占有很大的面积，在绘制时同样也应注意其表现的方法，最为常用的就是打点法和线段排列法。

打点法：利用小圆点表示草坪，并通过圆点的疏密变化表现明暗或者凸凹效果，并常在树木、道路、建筑物的边缘或者水体边缘用圆点适当加密，以增强图面的立体感和装饰效果。

线段排列法：线段排列要整齐，行间可以有轻重，也可以留有空白，当然也可以用无规律排列的小短线或线段表达，这一方法常常用于表现管理粗放的草地或草场。

此外，还可以运用上面两种方法表现地形等高线。

第四节 园林植物景观设计图的类型及要求

一、园林植物景观设计图的分类

（一）按照表现内容及形式进行分类

平面图：平面投影（H面投影），表现植物的种植位置、规格等。

立面图：正立面投影（V面投影）或侧立面投影（W面投影），表现植物之间的水平距离和垂直高度。

剖面图与断面图：用一垂直的平面对整个植物景观或某一局部进行剖切，并将观察者和这一平面之间的部分去掉，如果绘制剖切断面及剩余部分的投影则称为剖面图，如果仅绘制剖切断面的投影则称为断面图，用来表现植物景观的相对位置、垂直高度，以及植物与地形等其他构景要素的组合情况。

透视效果图：透视有一点透视、两点透视、三点透视三种，用来表现植物景观的立体观赏效果，分为总体鸟瞰和局部透视效果图。

（二）按照对应设计环节进行分类

园林植物景观规划图：初步设计，绘制植物组团种植范围，并区分植物的类型（常绿、阔叶、花卉、草坪、地被等）。

园林植物景观设计图：详细设计阶段，详细确定植物种类、种植形式等，除了植物种植平面图之外，往往还要绘制植物群落剖面图或效果图。

园林植物景观施工图：施工图设计阶段，标注植物种植点坐标、标高，确定植物的种类、规格、栽植或养护的要求等。

园林植物景观规划图、设计图、施工图三种类型的图纸对应三个不同的环节，园林植物景观设计图和施工图在项目实施过程中是必不可少的，而园林植物景观规划图则要根据项目的具体情况、客户的具体要求而定。对于复杂的设计项目常需要先绘制园林植物景观总体规划图，在此基础上再绘制园林植物景观设计图、施工图，而对于相对简单的设计项目，在成果提交阶段，园林植物景观规划图有时可以省略。

二、园林植物景观设计图纸绘制要求

首先图纸要规范，应按照制图国家标准（《房屋建筑制图统一标准》《总图制图标准》《建筑制图标准》《风景园林制图标准》等）绘制图纸，图线、图例、标注等应符合规范要求。其次内容要全面，标准的园林植物景观设计图中必须注明图名，绘制指北针、比例尺，列出图例表，并添加必要的文字说明。另外，绘制时要注意图纸表述的精度和深度应与对应设计环节及客户的具体要求相符。

（一）现状分析图

应标明基址内现状植物的准确位置，而且对要保留的植物位置标示清楚，现状分析图可以是设计师根据现状手工绘制或依据客户提供的图纸进行分析，绘制图纸的目的在于对现状情况进行分析，所以不须要像工程图一样详细。

（二）园林植物种植规划图

园林植物种植规划图目的在于标示植物分区布局情况，所以园林植物景观规划图仅绘制出植物组团的轮廓线，并用图例、符号区分常绿针叶植物、阔叶植物、花卉、草坪、地被等植物类型，一般无须标注每一株植物的规格和具体种植点的位置。植物种植规划图绘制应包含以下内容。

①图名、指北针、比例、比例尺。

②图例表：包括序号、图例、图例名称(常绿针叶植物、阔叶植物、花卉)等。

③设计说明：包括植物配置的依据、方法、形式等。

④植物种植规划平面图：绘制植物组团的平面投影。

⑤植物群落效果图、剖面图或断面图等。

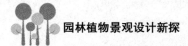

（三）园林植物景观设计图

园林植物景观设计图需要利用图例区分各种不同植物，并绘制出植物种植点的位置、植物规格等。植物种植设计图绘制应包含以下内容。

①图名、指北针、比例、比例尺、图例表。

②设计说明：包括植物配置的依据、方法、形式等。

③植物表：包括序号、中文名称、拉丁学名、图例、规格（冠幅、种植面积、种植密度等）、其他（特性、树形要求等）、备注。

④植物种植设计平面图：用图例标示植物的种类、规格、种植点的位置以及与其他构景要素的关系。

⑤植物群落剖面图或断面图。

⑥植物群落效果图：表现植物的形态特征，以及植物群落的景观效果。

在绘制植物种植设计图的时候，一定要注意在图中标注植物种植点位置，植物图例的大小应该按照比例绘制，图例数量与实际栽植植物的数量要一致。

（四）园林植物种植施工图

园林植物景观施工图是园林绿化施工、工程预（决）算编制、工程施工监理和验收的依据，并且对于施工组织、管理以及后期的养护都起着重要的指导作用。植物种植施工图绘制应包含以下内容。

①图名、比例、比例尺、指北针。

②植物表：包括序号、中文名称、拉丁学名、图例、规格（冠幅、胸径、种植面积、种植密度）、苗木来源、植物栽植及养护管理的具体要求、备注。

③施工说明：对选苗、定点放线、栽植和养护管理等方面的要求进行详细说明。

④植物种植施工平面图：用图例区分植物种类，用尺寸标注或者施工放线网格确定植物种植点的位置（规则式栽植需要标注出株间距、行间距以及端点植物的坐标或与参照物之间的距离；自然式栽植往往借助坐标网格定位）。

⑤植物种植施工详图：根据需要，将总平面图划分为若干区段，使用放大的比例尺分别绘制每一区段的种植平面图，绘制要求同施工总平面图。为了读图方便，应该同时提供一张索引图，说明总图到详图的划分情况。

⑥文字标注：用引线标注每一组植物的种类、组合方式、规格、数量（或面积）。

⑦园林植物景观设计剖面图或断面图。

此外，对于种植层次较为复杂的区域应该绘制分层种植施工图，即分别绘制上层乔木的种植施工图和中下层灌木地被等的种植施工图。

（五）园林植物景观剖立面图

园林种植设计中的剖立面图是十分重要的，在种植设计过程中必须要考虑植物个体的大小、形状、枝干的具体分枝形式，种植剖立面图可以有效地展示出植物之间的关系，植物与周边环境（如建筑、小品）之间的关系，所以剖立面图是观察植物最终效果的重要手段之一。

三、园林植物种植设计说明

园林种植设计过程中，除了图纸部分外，还应对种植设计的设计理念、规划原则、树种规划、规格要求、定植后的养护管理等附上必要的文字说明。由于季相变化、植物生长等因素很难在设计平面图中表现出来，因此，为了相对准确地表达设计意图，还应用设计说明书对这些变动内容进行说明。园林种植设计说明书主要包括以下几部分。

一是项目概况。

①绿地位置、面积、现状。

②绿地周边环境。

③项目所在地自然条件。

二是种植设计原则及设计依据。

三是种植构思及立意。

四是功能分区、景观分区介绍。

五是附录。

①用地平衡表：建筑、水体、道路广场、绿地占规划总面积的比例。

②植物名录：编号、中文名称、拉丁文学名、规格、数量、备注等。

植物名录表中植物排列顺序分别为乔木、灌木、藤本、竹类、花卉、地被、草坪等。

园林种植设计说明书完成后应如一篇优美的文章，不仅介绍项目概况、叙述设计构思等必要的内容，而且以流畅生动的语言、优美简洁的插图介绍园林的功能分区、景观分区的植物景观，读来给人清新感，有新意，并且具有极强的艺术感染力。

第五章 园林植物景观配置的基本形式

植物景观配置基本形式是植物景观设计的核心内容，是植物景观创造具体形象的直观体现，真正进行植物景观群落的组合创造，不是简单的形态和色彩组合，而是一项复杂、系统的工程，还要考虑植物的生态习性、养分和空间的竞争、群落的演替变化等。问题都需要解决，但不可能在一章中解决或者一口气解决，否则欲速则不达。因此本章的内容主要考虑植物景观造型和组合形式上的搭配技巧和类型。

由于在环境景观设计尤其是绿地设计中提倡以植物造景为主的理念，因此，凡是能用植物替代其他要素的尽量加以替代，如运用树墙、绿篱替代普通的建筑围墙；另外，传统园林中很大程度是运用建筑来创造和组织空间的，而在现代园林和环境设计中，多考虑运用植物材料来创造和组织空间。而植物造景除了采用基本的组合形式外，还应创造和发展更多的形式，并要有合理的树冠交叉和乔、灌木复层结构形式。在具体的运用和设计中要把植物景观设计和空间组织结合起来，把平面布局与立面布局结合起来，把各种植物类型结合起来，只有这样才能不拘泥于简单、单调的配置形式，才能真正体现植物景观应有的魅力。

第一节 乔灌木的种植方式与整形

在园林中，乔、灌木通常是搭配应用、互为补充的，它们的组合首先必须满足生态条件。第一层的乔木应是阳性树种，第二层的亚乔木可以是半阴性的，分布在外缘的灌木可以是阳性的，而在乔木遮阴下的灌木则应是半阴性的，乔木为骨架，亚乔木、灌木等紧密结合构成复层、混交相对稳定的植物群落。

在艺术构图上，应该是反映自然植物群落典型的天然之美，要具有生动的节奏变化，由于要考虑园林各项功能上的需要，因此乔灌木的组合形式从少到

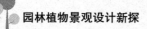

多，从简单到复杂也就多种多样了。同时，应充分认识到：乔灌木因其生长速度快、体量大、寿命长而对园林构图起到"举足轻重"的影响，因此，在进行植物配置、选择种植方式时应慎重考虑。乔灌木的孤植、对植和列植相对来说比较容易把握，也容易出效果，但不宜多用，此外还有丛植、群植等方式。

一、孤植

孤植一般是指乔木或灌木的单株种植类型，它是中西园林中广为采用的一种自然式种植形式。但有时为构图需要，同一树种的树木两株或三株紧密地种在一起，以形成一个单元，其远看和单株栽植的效果相同，这种情况也属于孤植。在园林的功能上有两种孤植类型，一是单纯作为构图艺术上的孤植树；二是作为园林中庇荫和构图艺术相结合的孤植树。

孤植树主要表现植株个体的特点，突出树木的个体美。如奇特的姿态、丰富的线条、浓艳的花朵、硕大的果实等。因此，在选择树种时，孤植树应选择那些具有枝条开展、姿态优美、轮廓鲜明、生长旺盛、成荫效果好、寿命长等特点的树种。如银杏、槐树、榕树、香樟、悬铃木、山桦、无患子、枫杨、七叶树、雪松、云杉、桧柏、白皮松、枫香、元宝枫、鸡爪槭、乌桕、樱花、紫薇、梅花、广玉兰、柿树等。在园林中，孤植树种植的比例虽然很小，却有相当重要的作用。

孤植树在园林中往往成为视觉焦点。种植的地点要求比较开阔，不仅要保证树冠有足够的空间，而且要有比较合适的观赏视距和观赏点，让人们有足够的活动场地和恰当的欣赏位置。最好还要有像天空、水面、草地等自然景物作背景衬托，以突出孤植树在形体、姿态等方面的特色。庇荫与艺术构图相结合的孤植树其具体位置的确定，取决于它与周围环境在整体布局上的统一。最好是布置在开敞的大草坪之中，但一般不宜种植在草坪的几何中心，而应偏于一端，安置在构图的自然重心，与草坪周围的景物取得均衡与呼应的效果；孤植树也可以配植在开阔的河边、湖畔，以明朗的水色做背景，游人可以在树冠的庇荫下欣赏远景或活动。孤植树下斜的枝干自然也成为各种角度的框景。

孤植树还适宜配植在可以透视辽阔远景的高地上和山岗上，一方面，游人可以在树下纳凉、眺望；另一方面可以使高地或山岗的天际线丰富起来。孤植树也可与道路、广场、建筑结合，透景窗、洞门外也可布置孤植树，成为框景的构图中心。诱导树种植在园路的转折处或假山蹬道口，以引导游人进入另一景区。如在较深暗的密林作为背景的条件下，选用色彩鲜艳的红叶树等具有吸引力的树种，孤植树还可以配植在公园前广场的边缘，或人流少的地方，以及有园林院落等的地方。

孤植树作为园林构图的一部分，不是孤立的，必须与周围环境和景物相协调，即要求统一于整个园林构图之中。如果在开敞宽广的草坪、高地、山岗或水边栽种孤植树，所选树木必须特别巨大，这样才能与广阔的天空、水画、草坪有差异，才能使孤植树在姿态、体形、色彩上突出。

在小型林中草坪、较小水面的水滨以及小的院落之中种植孤植树，其体形必须小巧玲珑，可以应用体形与线条优美、色彩艳丽的树种。在山水园中的孤植树必须与假山石协调，树姿应选盘曲苍古状的，树下还可以配以自然的卧石，以作休息之用。

建造园林必须注意利用原地的成年大树作为孤植树，如果绿地中已有上百年或数十年的大树，必须使整个公园的构图与这种有利的条件结合起来；如果没有大树，则利用原有中年树（10～20年生的珍贵树）为孤植树，这也是有利的。另外，值得一提的是孤植树最好选乡土树种，可望"树茂荫浓"，健康生长，树龄长久。

二、对植

对植是指用两株或两丛相同或相似的树，按照一定的轴线关系，做相互对称或均衡的种植方式。主要用于强调公园、建筑、道路、广场的出入口，同时结合庇荫和装饰美化的作用，在构图上形成配景和夹景。同孤植树不同，对植很少作主景。

对称种植：主要用在规则式的园林中。构图中轴线两侧，选择同一树种。且大小、形体尽可能相近，与中轴线的垂直距离相等。如公园建筑入口两旁或主要道路两侧。

拟对称种植：主要用在自然式园林中，构图中轴线两侧选择的树种相同，但形体大小可以不同，与中轴线的距离也就不同，求得感觉上的均衡，彼此要求动势集中。因此，对植并不一定是一侧一株，可以是一侧一株大树，另一侧配一个树丛或树群。

在规则式种植中，利用同一树种、同一规格的树木依主体景物轴线做对称布置，两树连线与轴线垂直并被轴线等分，这在园林的入口、建筑入门和道路两旁是经常运用的。规则种植中，一般采用树冠整齐的树种，而一些树冠过于扭曲的树种则需使用得当，种植的位置既要不妨碍交通和其他活动，又要保证树木有足够的生长空间。一般乔木距建筑物墙面要在 5m 以上的距离，小乔木和灌木可酌情减少，但不能太近，至少要 2m。在自然式种植中，对植不是对称的，但左右仍是均衡的。在自然式园林的入门两旁，桥头、蹬道的石阶两旁，河道的进口两边，闭锁空间的进口、建筑物的门口，都需要自然式的入口栽植和诱导栽植，自然式对植是最简单的形式，是与主体景物的中轴线支点取得均衡关系。在构图中轴线的两侧，可用同一树种。但大小和姿态必须不同，动势要向中轴线集中，与中轴线的垂直距离，大树要近，小树要远，自然式对植也可以采用株数不相同而树种相同的配植。如左侧是一株大树，右侧为同一树种的两株小树；也可以两边是相似而不相同的树种，或是两种树丛。树丛的树种必须相似，双方既要避免呆板的对称形式，又必须对应。对植树在道路两旁构成夹景。利用树木分枝状态或适当加以培育，就可以构成相依或交冠的自然景象。

三、列植

列植即行列栽植，是指乔灌木按一定的株行距成排成行地种植，或在行内株距有变化。行列栽植形成的景观比较整齐、单纯、有气势，是规则式园林绿地如道路广场、工矿区、居住区、办公大楼绿化应用最多的基本栽植形式。行列栽植具有施工、管理方便的优点。

植物成排成行栽植，并有一定的株行距。可一种树的单行栽也可多种树间植，或多行栽，多用于栽植道路两旁绿篱、林带等。其树种的选择，乔木多选择分枝点较高、耐修剪的树种。间植多选择灌木或花卉，以求形体和色彩上的丰富。

行列栽植宜选用树冠体形比较整齐的树种，如圆形、卵圆形、倒卵形、椭圆形、塔形、圆柱形等；而不选枝叶稀疏、树冠不整形的树种。行列栽植的株行距，取决于树种的特点、苗木规格和园林用途等，一般乔木采用 3 ～ 8m，甚至更大，而灌木为 1 ～ 5m，过密就成了绿篱。

在设计行列栽植时，要处理好与其他因素的矛盾，行列栽植多用于建筑、道路、上下管线较多的地段。行列栽植与道路配合，可起夹景作用，行列栽植的基本形式有两种：一是等行等距，即从平面上看成正方形或品字形的种植点，多用于规则式园林绿地中；二是等行不等距，即行距相等，行内的株距有疏密变化，从平面上看成不等边的三角形或不等边四角形，可用于规则式或自然式园林局部，如路边、广场边缘、水边、建筑物边缘等，株距有疏密变化，也常应用于从规则式栽植到自然式栽植的过渡带。

行列栽植的特殊形式是篱植（绿篱和绿墙）。

（一）绿篱的功能

①范围与围护作用。在园林绿地中，常以绿篱做防范的边界。如用刺篱、高篱或绿篱内加铁丝。绿篱可用作组织游览路线。

②分隔空间和屏障视线。园林的空间有限，往往又需要安排多种活动用地，为减少互相干扰，常用绿篱或绿墙进行分区和屏障视线，以便分隔不同的空间。这种绿篱最好用常绿树组成高于视线的绿墙。如把儿童游戏场、露天剧场、运动场等与安静休息区分隔开来，这样才能减少互相的干扰。局部规则式的空间，也可用绿篱隔离。这样对比强烈、风格不同的布局形式可以得到缓和。

③作为规则式园林的区划线。以中篱为分界线。以矮篱做花境的边缘，或做花坛和观赏草坪的图案花纹。一般装饰性矮篱选用的植物材料有黄杨、大叶黄杨、桧柏、日本花柏、雀舌黄杨等，其中以雀舌黄杨最为理想，因其生长缓慢，别名千年矮，纹样不易走样，比较持久，也可以用常春藤组成粗放的纹样。

④作为花镜、喷泉、雕像的背景。园林中常用常绿树修剪成各种形式的绿墙，作为喷泉和雕像的背景，其高度一般要与喷泉和雕像的高度相称，色彩以选用没有反光的暗绿色树种为宜。作为花境背景的绿篱一般为常绿的高篱及中篱。

⑤美化挡土墙。在各种绿地中，为避免挡土墙立面的枯燥，常在挡土墙的前方栽植绿篱，以便把挡土墙的立面美化起来。

⑥作色带。中矮篱的应用，按绿篱栽植的密度，其宽窄随设计纹样而定，但宽度过大将不利于修剪操作，设计时应考虑工作小道，在大草坪和坡地上可以利用不同的观叶木本植物（灌木为主，如小叶黄杨具有气势、尺度大、效果好的纹样）。如北京天安门观礼台、三环路上立交桥的绿岛等由宽窄不一的中、矮篱组合成不同图案的纹饰。

（二）按高度分绿篱的类型

根据高度的不同，可以分为绿墙、高绿篱、绿篱和矮绿篱四种。

①绿墙高度一般在人眼（约1.6m）以上，阻挡人们视线通过的属于绿墙或树墙，如珊瑚树、桧柏、构橘、月桂等。

②凡高度在1.6m以下，1.2m以上，人的视线可以通过，但其高度是一般人所不能跃过的，这部分绿篱称作高绿篱。

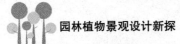

③比较费事才能跨越而过的绿篱，称为绿篱或中绿篱，这是一般园林中最常用的绿篱类型。

④凡高度在50cm以下，人们可以毫不费力一跨而过的绿篱，称为矮绿篱。

（三）按功能和观赏要求分绿篱的类型

根据功能要求与观赏要求不同，可分为常绿篱、花篱、果篱、刺篱、落叶篱、蔓篱与编篱等。

常绿篱：由常绿树组成，为园林中最常用的绿篱，常用的主要树种有桧柏、侧柏、罗汉松、大叶黄杨、海桐、女贞、小蜡、锦熟黄杨、雀舌黄杨。冬青、月桂、珊瑚树、蚊母、观音竹、茶树等。

花篱：由观花树木组成，是园林中比较精美的绿篱与绿墙。常用的主要树种有桂花、栀子花、茉莉、六月雪、金丝桃、迎春、黄馨、木槿、锦带花、金钟花、溲疏、郁李、珍珠梅、麻叶绣球、日本绣线菊等，其中常绿芳香花木用在园中作为花篱尤具特色。

果篱：许多绿篱植物在果实长成时，可观赏，且别具风格，如紫珠、枸骨、火棘、构桔等。果篱以不规则整形修剪为宜。如果修剪过重，则结果减少，将影响观赏效果。

刺篱：在园林中为了安全防范，常用带刺的植物做绿篱。常用的树种有枸骨、枸橘、花椒、小檗、黄刺梅、蔷薇、胡颓子等，其中枸橘用作绿篱有铁篱寨之称。

落叶篱：由一般落叶树组成。东北、华北地区常用，主要树种有榆树、丝棉木、紫穗槐、圣柳、雪柳等。

蔓篱：在同林或住宅大院内起到防范与划分空间的作用。一时得不到高大的树苗，常常建立竹篱、木栅围墙或铅丝网篱，同时栽植藤本植物。常用的植物有金银花、凌霄、常春藤、山荞麦、爬行蔷薇、茑萝、牵牛花等。

编篱：为了增加绿篱的防范作用，避免游人或动物穿行，有时把绿篱植物的枝条编结起来，做成网状或格状形式。常用的植物有木槿、杞柳、紫穗槐等。

（四）篱植和种植密度

绿篱的种植密度根据使用的目的性、所选树种、苗木的规格和种植地带的宽度而定。矮篱、一般绿篱的株距为30～50cm，行距为40～60cm，双行式绿篱成三角交叉排列。绿墙的株距可采用100～150cm，行距150～200cm。绿篱的起点和终点应做尽端处理，从侧面看来比较厚实美观。

四、丛植

乔灌木的丛植、群植和林植多用于自然式的植物配置中，而且是值得提倡的群落型配置方式。配置时讲究乔灌结合，要求高低错落、层次丰富；同时要考虑植物的生态以及相互的依存关系和稳定性。搭配得好不仅给环境大增异彩，而且有极大的生态作用。

树丛通常是由两株到十几株同种或异种乔木或乔灌木组合而成的种植类型。配植树丛的地面，可以是自然植被或是草坪、草花地，也可配置在山石或台地上。树丛是园林绿地中重点布置的一种种植类型，它以反映树木群体美（兼顾个体美）的综合形象为主，所以要很好地处理株间、种间的关系。所谓株间关系，是指疏密、远近等因素；种间关系是指不同乔木以及乔灌木之间的搭配。在处理植株间距时，要注意在整体上适当密植，局部疏密有致，并使之成为一个有机的整体；在处理种间关系时，要尽量选择有搭配关系的树种，要阳性与阴性、快长与慢长、乔木与灌木有机地组合成生态相对稳定的树丛。同时，组成树丛的每一株树木也都能在统一的构图中表现其个体美。所以，作为组成树丛的单株树木与孤植树相似，必须挑选在庇荫、树姿、色彩、芳香等方面有特殊价值的树木。

树丛可以分为单纯树丛及混交树丛两类，树丛在功能上除作为组成园林空间构图的骨架外，有做蔽荫用的、有做主景用的、有做诱导用的、有做配景用的等。

蔽荫用的树丛最好采用单纯树丛形式，一般不用或少用灌木配植，通常以树冠开展的高大乔木为宜。而作为构图艺术上的主景或诱导与配置用的树丛，则多采用乔灌木混交树丛。

树丛作为主景时，宜用针阔叶混植的树丛，其观赏效果特别好，可配植在大草坪中央、水边、河旁、岛上或上丘山岗上，以作为主景的焦点。在中国古典山水园中，树丛与岩石的组合常设置在粉墙的前方，或走廊、房屋的一隅，以构成树石小景。作为诱导用的树丛多布置在出入口、路叉和弯曲道路以诱导游人按设计安排的路线欣赏丰富多彩的园林景色。另外，它也可以当配景用，如做小路分歧的标志或遮蔽小路的前景以取得峰回路转又一景的效果。树丛设计必须以当地的自然条件和总的设计意图为依据，用的树种虽少，但要选得准，以充分掌握其植株个体的生物学特性及个体之间的相互影响，使植株在生长空间、光照、通风、温度、湿度和根系生长发育方面都取得理想的效果。

树丛作为主景时，四周要空旷，可以布置在大草坪的中央、水边、河湾、

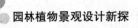

山坡及山顶上，也可作为框景布置在景窗或月洞门外，与山石组合是中国古典园林中常见的手法。这样的组合方式，也可布置在白粉墙前、走廊或房屋的角隅，组成一个画题。日本庭园中，植物与山石、枯山水等的结合，布置在房屋墙前，组成一幅富有情趣且色彩丰富的画面。

在游息园林绿地中，树丛下面可布置一些休息坐凳，为游人提供一个停留的场地。可取自然道路中的一段，路的一端是一条坐凳和一丛密闭性很强的树丛，这使游人在此停留有一种安定感；另一端由三株常绿树和一株观赏树组成，具有很好的景观效果。

五、群植

群植是由多数乔灌木（一般在 20 ～ 30 株）混合成群栽植的类型，树群所表现的主要为群体美。树群也像孤植树和树丛一样，可做构图的主景。树群应该布置在有足够距离的开敞场地，如靠近林缘的大草坪、宽广的林中空地、水中的小岛屿、宽阔水面的水滨、小山的山坡、土丘等地方，树群主立面的前方，至少在树群高度的四倍，树宽度的一倍半距离上，要留出空地，以便游人欣赏。

树群规模不宜太大，在构图上要四面空旷。树群的组合方式，最好采用郁闭式成层的结合。树群内通常不允许游人进入，游人也不便进入，因而更利于做庇荫之用，但是树群的北面，树冠开展的林缘部分，仍然可做庇荫之用。

树群可分为单纯树群和混交树群两种。单纯树群由一种树木组成，可以应用宿根花卉作为地被植物。混交树群是树群的主要形式。混交树群可分为五个部分，即乔木层、亚乔木层、大灌木层、小灌木层及多年生草本植物层五个部分。其中每一层都要显露出来，其显露部分应该是该植物观赏特征突出的部分。乔木层选用的树种，树冠的姿态要特别丰富，整个树群的天际线要富于变化；亚乔木层选用的树种，最好选开花繁茂的，或各具美丽叶色的；灌木应以花木为主，草本植物应以多年生野生花卉为主。而树群下的土面又不能暴露，树群组合的基本原则是，高度喜光的乔木层应当分布在中央，亚乔木在其四周；大灌木、小灌木在外缘，这样不致互相遮掩，但其各个方向的断面，又不能像金字塔那样机械，所以，在树群的某些外缘可以配置一两个树丛及几株孤植树。

①单纯树群：由一种树木组成，观赏效果相对稳定，这样的树群布置在靠近园路或铺装广场等地方，且选用大乔木，可解决游人的休息问题。利用相同的树种，采取自然群植方式，在大面积草坪中分隔出一个半封闭的空间，草坪汀步将人们从路的边缘引到了这个空间。

②混交树群：多种树木的组合。首先要考虑生态要求，从观赏角度来看，其构图要以自然界中美的植物群落为样本，林冠线要起伏错落，林缘线要曲折富有变化，树间距要有疏有密。

树群内植物的栽植距离要有疏密的变化，要构成不等边三角形，切忌成行、成排、成带地栽植；常绿、落叶、观叶、观花的树木，其混交的组合不可用带状混交，又因面积不大，不可用片状、块状混交。而应该用复层混交及小块混交与点状混交相结合的方式。树群内，树木的组合必须很好地结合生态条件，如有的地方在种植树群时，在玉兰下用了阳性的月季花作为下木，而将强阴性的桃叶珊瑚暴露在阳光之下，这是不恰当的。作为第一层乔木，应该是阳性树，第二层亚乔木可以是半阴性的，而种植在乔木庇荫下及北面的灌木则是半阳性、半阴性的。喜暖的植物应该配植在树群的南方和东南方。树群的外貌要有高低起伏的变化，要注意四季的季相变化和美观。

树群的树木数量较树丛要多，所表现的是群体美，树群也是构图的主景，因此树群应布置在靠近林缘的大草坪上、宽广的林中空地、水中的小岛及小山坡上。树群属于多层结构，水平郁闭度大，因此种间及株间关系就成为保持树群稳定性的主导因素。

六、园林风景林

凡成片、成块大量栽植的乔灌木，以构成林地和森林景观的称为林植，也叫树林。风景林是公园内较大规模成带成片的树林，是多种植物组成的一个完整的人工群落。风景林除着重树种的选择、搭配的美观之外，还要注意其具有防护功能。

（一）疏林

疏林的郁闭度在 0.4～0.6，它常与草地结合，故又称草地疏林。草地疏林是园林中应用最多的一种形式，系模仿自然界的疏林草地而形成，是吸引游人的地方。

树林一般选择生长健壮的单一品种的乔木，且具有较高的观赏价值；林下则为经过人工选择配置的木本或草本地被植物；草坪应具有含水量少、耐践踏、易修剪、不污染衣服等特点，疏林应以乡土树种为宜，其布置形式或疏或密或散或聚，形成一片淳朴、美丽、舒适、宜人的园林风景林。不论是鸟语花香的春天，浓荫蔽日的夏天，或是晴空万里的秋天，游人总是喜欢在林间草地上休息、游戏、看书、摄影、野餐、观景等。即便在白雪皑皑的严冬，草地疏林仍别具风味，所以疏林中的树种应具有较高的观赏价值：树冠宜开展、树荫要疏朗、生长要强健、花和叶的色彩要丰富、树枝线条要曲折多变、树干要好看、常绿树与落叶树的搭配要合适。树木的种植要三五成群、疏密相间、有断有续、错落有致，构图上生动活泼，林下草坪应含水量少，坚韧耐践踏。最好秋季不枯黄，尽可能地让游人在草坪上多活动，一般不修建园路，但作为观赏用的嵌花草地疏林就应该有路可走。

（二）密林

密林的郁闭度在 0.7 ~ 1.0，一般阳光很少透入林下，土壤湿度大，地被植物含水量高。经不起踩踏，所以以观赏为主，并可起改变气候，保持水土等作用。密林可分为单纯密林和混交密林两种。

1. 单纯密林

具有简洁壮阔之美，但也缺乏丰富的色彩、季相和层次的变化，因此栽植时要靠起伏变化的地形来丰富林冠线与林缘线。林带边缘要适当配置观赏特性较突出的花灌木或花卉，林下可考虑点缀花草为其他地被植物增加景观的艺术效果。

2. 混交密林

混交密林是多种植物构成的郁闭群落，其间关系复杂而重要，大乔木、小乔木、大灌木、小灌木、地被植物各自根据自己的生态习性和互相的依存关系，形成不同层次。这样的树林季相丰富，林冠线、林缘线构图突出，但也应做到疏密有致，使游人在林下欣赏特有的幽邃深远之美。密林内部可以有道路通过，还可在局部留出空旷的草地，也可规划自然的林间溪流，并在适当的地方布置建筑作为景点。供游人欣赏的林缘部分，其垂直成层构图要十分突出，但又不能全部塞满，以致影响游人的欣赏。为了能使游人深入林地，密林内部有自然路通过，但沿路两旁的垂直郁闭度不宜太大，必要时还可以留出空旷的草坪，或利用林间溪流水体，种植水生花卉，也可以附设一些简单构筑物，以供游人做短暂休息之用。

3. 密林种植

大面积的可采用片状混交，小面积的多采用点状混交，一般不用带状混交。要注意常绿与落叶、乔本与灌木林的配合比例，还有植物对生态因子的要求等。单纯密林和混交密林在艺术效果上各有其特点，前者简洁，后者华丽，两者相互衬托，特点突出，因此不能偏废。从生物学的特性来看，混交林比单纯密林好，园林中单纯密林不宜太多。

4. 乔灌木

乔灌木因其体量突出成为植物景观设计的主体，以上一些基本的配置形式通常结合进行，并因园林布局形式和规模的不同而有变化和不同要求。园林绿地或绿化空间不大时，群植尤其是林植方式不常用或不用，如小庭院的植物景观设计；而面积比较大时，必须应有林植类型，而且最好有混交密林等，如风景区、公园以及比较大的专用绿地等。另外，如果不是游憩功能和景观的特殊需要，应尽量采用复层结构的植物群落，同时要尽量与地被植物和花卉植物结合起来配置，唯其如此，才可能在景观效果和生态功能方面取得理想效果。

七、乔灌木的整形处理

整形的树木是为了使有强烈几何体形的建筑与周围自然环境取得过渡与统一。规则式的园林中，整形树木是建筑的组成部分，也是主要的栽植方式。树木的整形大致有以下几种类型：

（一）几何形的整形

把树木修剪成几何形体，用于花坛中心、强调轴线的主要道路两侧，有时也通过整形植物景观营造规则式的园林类型。

（二）动物体形整形

把植物修剪成各种动物的形状，一般用于构景中心，也常用在动物居舍的入口处，还可在儿童乐园内，用整形的动物、建筑、绿墙等来构成一个童话世界。

（三）建筑体形整形

园林中应用树木整形成绿门、绿墙、亭子、透景窗等，使人虽置身于绿色植物中，但可体会到建筑空间的感受。

（四）抽象式或半自然式整形

是在自然形的基础上稍加整理，形成曲线更流畅、枝叶更整齐的造型；或者融入一定的象征意义加以半自然的整形。如日本庭院中整形树木经常用于草坪上或枯山水园中，以沙代表海，而以整形的植物代表海中的岛和山，这样的庭院也别具一番情趣。

树种选择及苗木准备在用于整形时需要同生长结合，同时具有耐修剪、枝条易弯曲等特点，有些工序必须在苗圃中进行，待苗木长成一定的体形后再移植到园林中。

第二节　花卉的种植形式

花卉类植物虽然大小不如一般的乔灌木，但因其鲜艳的色彩和旺盛的生长力以及比较短的生长周期，为四季园林景观的营造或者植物景观的丰富起到了点缀效果，尤其对节日氛围的营造起到了很大的作用。

露地栽培的花卉是园林中应用最广的花卉种类，多以其丰富的色彩美化重点部位，形成园林景观。根据应用布置方式大概可以分为花丛和花群、花境和花坛几种形式。

一、花丛和花群

这种应用方式是将自然风景中野花散生于草坡的景观运用于城市园林，从而增加园林绿化的趣味性和观赏性。花丛和花群布置宜简单、应用灵活、量少为丛、丛连成群、繁简均宜。花卉选择高矮不限，但以茎干挺直、不易倒伏、花朵繁密、株形丰满整齐者为佳。花丛和花群常布置于开阔的草坪周围，使林缘、树丛树群与草坪之间有一个联系的纽带和过渡的桥梁，也可以布置在道路的转折处或点缀于院落之中，均能产生较好的观赏效果。同时，花丛和花群还可布置于河边、山坡、石旁，使景观生动自然。

二、花境

花境是由多种花卉组成的带状自然式布置，这是根据自然风景中花卉自然生长的规律，加以艺术提炼而应用于园林的形式。花境花卉种类多、色彩丰富，具有山林野趣，观赏效果十分显著。欧美国家特别是英国园林中花境应用十分普遍，而我国目前花境应用尚少。从花境的观赏形式划分可以分为单面观赏花境和双面观赏花境。单面观赏花境多以树丛、树群、绿篱或建筑物的墙体为背景，植物配置上前低后高以利于观赏。双面花境多设置于草坪或树丛间，两边都有步道，供两面观赏，植物配置采取中间高两边低的方法，各种花卉呈自然斑状混交。

花境中各种花卉在配置时既要考虑到同一季节中彼此的色彩、姿态、体型、数量的调和与对比，也要考虑花境整体构图的完整性，同时还要求在一年之中随着季节的变换而显现不同的季相特征，使人们产生时序感。适应布置花境的植物材料很多，既包括一年生的花卉，也包括宿根、球根花卉，还可采用一些生长低矮、色彩艳丽的花灌木或观叶植物。其中既有观花的，也有观叶的，甚至还有观果的。特别是宿根和球根花卉能较好地满足花境的要求，并且维护管理比较省工。由于花境布置后可多年生长，不需经常更换，若想获得理想的四季景观，必须在种植规划时深入了解和掌握各种花卉的生态习性、外观表现及花期、花色等，对所选用的植物材料具有较强的感性认识，并能预见配置后产生的景观效果，只有这样才能合理安排，巧妙配置，体现出花境的景观效果。如郁金香、风信子、荷包牡丹及耧斗菜类仅在上半年生长，在炎热的夏季即进入休眠，花境中应用这些花卉时，就需要在林丛间配植一些夏秋生长茂盛而春末夏初又不影响其生长与观赏的其他花卉，这样整个花境就不至于出现衰败的景象。再如石蒜类的植物根系较深，属先花后叶花卉，如能与浅根性、茎叶葱绿而匍地生长的爬景天混植，不仅相互生长不受影响并且由于爬景天茎叶对石蒜类花的衬托，使景观效果显著提高。花境设计时相邻的花卉色彩要能很好搭配，长势强弱与繁衍的速度应大致相似，以利于长久稳定地发挥花境的观赏效果。花境的边缘即花境种植的界限，不仅确定了花境的种植范围，也便于周围草坪的修剪和周边的整理清扫。依据花境所处的环境不同，边缘可以是自然曲线，也可以采用直线。高床的边缘可用石头、砖头等垒砌而成，平床多用低矮致密的植物镶边，也可用草坪带镶边。

三、花坛

花坛多设于广场和道路的中央分车带、两侧以及公园、机关单位、学校等观赏游览地段和办公教育场所，应用十分广泛。主要采取规则式布置，有单独或连续带状及成群组合等类型。花坛内部所组成的纹样多采用对称的图案，并要保持鲜艳的色彩和整齐的轮廓。一般选用植株低矮、生长整齐、花期集中、株形紧密、花或叶观赏价值高的种类，常选用一、二年生花卉或球根花卉。植株的高度与形状，对花坛纹样与图案的表现效果有密切关系，如低矮而株丛较小的花卉，适合于表现平面图案的变化，可以显示出较细致的花纹，故可用于模纹花坛的布置，如五色苋类、三色堇、雏菊、半支莲等，草坪也可以用来镶嵌配合布置。

（一）花丛花坛

花丛花坛以表现开花时的整体效果为目的，展示不同花卉或品种的群体及其相互配合所形成的绚丽色彩与优美外貌。因此要做到图样简洁、轮廓鲜明才能获得良好的效果。选用的花卉以花朵繁茂、色彩鲜艳的种类为主，如金盏菊、金鱼草、三色红矮牵牛、万寿菊、孔雀草、鸡冠花、一串红、百日草、石竹、福禄考、菊花、水仙、郁金香、风信子等。在配置时应注意陪衬种类要单一，花色要协调，每种花色相同的花卉布置成一块，不能混种在一起，形成大杂烩。花坛中心宜用较高大而整齐的花卉材料，如美人蕉、扫帚草、毛地黄、金鱼草等。花坛的边缘也常用矮小的灌木绿篱或常绿草本做镶边栽植，如雀舌黄杨、紫叶小檗、沿阶草、土麦冬等，也可用草坪做镶边材料。

（二）模纹花坛

模纹花坛又叫毛毡花坛。此种花坛是以色彩鲜艳的各种矮生性、多花性的草花或观叶草本为主，在一个平面上栽种出种种图案来，看去犹如地毡。花坛外形均是规则的几何图形。花坛内图案除用大量矮生性草花外，也可配置一定的草皮或建筑材料，如色砂、瓷砖等，使图案色彩更加突出。这种花坛是要通过不同花卉色彩的对比，发挥平面图案美，所以，所栽植的花卉要以叶细小茂密、耐修剪为宜。如半枝莲、香雪球、矮性藿香蓟、彩叶草、石莲花和五色草等。其中以五色草配置的花坛效果最好。

在模纹花坛的中心部分，在不妨碍视线的条件下，还可选用整形的小灌木、桧柏、小叶黄杨以及苏铁、龙舌兰等。当然也可用其他装饰材料来点缀，如形象雕塑、建筑小品、水池和喷泉等。

（三）花台

将花卉栽植于高出地面的台座上，类似花坛但面积较小，也可以看成一种较窄但较高的花坛，我国古典园林中这种应用方式较多。现在多应用于庭院，上植草花做整形式布置，由于面积狭小，一个花台内常只布置一种花卉。因花台高出地面，故选用的花卉株形较矮、繁密匍匐或茎叶下垂于台壁，如玉簪、芍药、鸢尾、兰花、沿阶草等。

（四）花钵

花钵可以说是活动花坛，它是随着现代化城市的发展和花卉种植施工手段逐步完善而推出的花卉应用形式。花卉的种植钵造型美观大方，纹饰以简洁的灰、白色调为宜，从造型上看，有圆形、方形、高脚杯形，以及由数个种植钵拼组成六角形、八角形、菱形等图案，也有木制的种植箱、花车等形式，造型新颖别致、丰富多彩，钵内放置营养土用于栽植花卉。这种种植钵移动方便，里面花卉可以随季节变换，使用方便灵活、装饰效果好，是深受欢迎的新型花卉种植形式。主要摆放在广场、街道及建筑物前进行装点，施工容易，能够迅速形成景观，符合现代化城市发展的需要。

花钵选用的植物种类十分广泛，如一、二年生花卉、球根花卉、宿根花卉及蔓生性植物都可应用。应用时选用应时的花卉作为种植材料，如春季用石竹、金盏菊、雏菊、郁金香、水仙、风信子等；夏季用虞美人、美女樱、百日草、花菱草等；秋季用矮牵牛、一串红、鸡冠花、菊花等。所用花卉的形态和质感要与钵的造型相协调，色彩上有所对比。如白色的种植林与红、橙等暖色系花搭配会产生艳丽、欢快的气氛，与蓝、紫等冷色系花搭配会给人宁静素雅的感觉。

四、盆栽花卉的装饰应用

温室花卉一般盆栽观赏，以便冬季到来时移入温室内防寒。盆栽花卉既可于温暖季节用来布置装饰室外环境，也可用于布置室内，应用方便灵活，使用也越来越多，概括起来有以下几个方面：

（一）公共场所的花卉装饰

包括机场、车站、码头、广场、宾馆、饭店、影剧院、体育馆、大礼堂、博物馆及其他场所，都需要用花卉来美化装饰。这些场所的花卉装饰起点缀作用，应用时首先要以不妨碍交通和不给人们造成不便为原则，其次选择的花卉材料要与周围的环境和使用的性质相一致。如举行庆祝的会场布置，应该色彩鲜艳，烘托喜庆气氛，而展览陈列室则以淡雅素朴的花卉为宜，休息厅应给予最精致的花卉装饰，因为人们在休息时会去欣赏或品评所布置的花卉。另外，还要了解花卉的习性，特别是对光的要求，如酢浆草、五色梅需阳光直射的情况下才能开放，若放在较暗的室内，就会失去其装饰效果。

（二）私人居室的花卉装饰

居住建筑中花卉装饰主要应用于卧室、客厅、阳台、餐厅等处。阳台是摆放盆花进行装饰的理想地点，因为阳台的光线相对比较充足，可摆放一些喜光的观花花卉。室内通常以耐荫的常绿观叶植物进行布置和装饰，以调和室内布

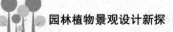

局，增添居室的生机。布置时要注意不妨碍人的活动。几案、柜橱上陈列的花卉以小巧玲珑为上，数量不宜多，但质量要高。

（三）温室专类园布置

为满足人们对温室花卉的观赏需要，可以专门开辟观赏温室区，置热带、亚热带花卉供参观游览。如兰花和热带兰、仙人掌类及多浆植物等种类繁多、观赏价值高、生态习性接近的花卉可布置成专类园的形式；而对温度要求不太高的植物，如棕榈、苏铁等，可用来布置室内花园。

第三节 藤蔓植物的栽植与应用

藤蔓植物是指茎干柔弱、不能独自直立生长的藤本和蔓生植物，可分为攀缘植物、匍匐植物、垂吊植物等。藤蔓植物或以叶取胜，如叶形别致的龟背竹、叶色常绿的常春藤；或以花迷人，如花形奇特的油麻藤、花色艳丽的凌霄花；或重在观果，如果形有趣的葫芦，果色多样的葡萄等。藤蔓植物能迅速增加绿化面积，多方改善环境条件，在园林绿化尤其是在立体绿化中具有广泛用途。

一、应用原则

（一）选材恰当，适地适栽

不同的植物对生态环境有不同的要求和适应能力，环境适宜则生长良好，否则便生长不良甚至死亡。生态环境又是由各不相同的温、光、水、土等条件组成的综合环境，千差万别。因此，在栽培应用时首先要选择适应当地条件的种类，即选用生态要求与当地条件吻合的种类。从外地引种时，最好先做引种试验或少量栽培，成功后再大量推广。把当地野生的乡土植物引入庭园栽培，各生态条件虽然基本一致，但常常由于小环境的不同，某些重要生态条件，如光照、空气湿度差异较大，对引种的成败起关键作用，必须高度注意。例如：原生长于林下的种类不耐强光直射，生长于山谷间者，需要很高的空气湿度才能正常生长等。

从外地引种，若不知道该植物对环境条件的具体要求时，通常采取了解其原产地及其生境来判断，从原产地的地理位置、海拔高度便可知道其温度、空气湿度的大体情况，例如：我国引种的植物中，有许多来自原产于南美洲的种类，基本都有喜热怕寒的习性。从具体的生境可更深入地推断其对光照、水分、土壤等的具体要求，草坡、林下、溪流边、崖壁的生态条件是各不相同的。

（二）自然美与意蕴美相结合

应用时，要同时关注科学性与艺术性两个方面，在满足植物生态要求，发挥植物对环境的生态功能的同时，通过植物的自然美和意蕴美要素来体现植物对环境的美化装饰作用，也是观赏植物应用的一个重要特点。

攀缘、匍匐、垂吊植物种类繁多，姿态各异，通过茎、叶、花、果在形态、色彩、芳香、质感等方面的特点及其整体构成表现出各种自然美。例如：紫藤老茎盘曲蜿蜒，有若龙盘蛟舞；羽叶茑萝枝叶纤丽，似碧纱披拂，点缀鲜红小花，更显娇艳；花叶常春藤的自然下垂给人以轻柔、飘逸感；龟背竹、麒麟尾等叶宽大而形奇，给人以豪放、潇洒、新奇感。形与色的完美结合是观赏植物能取得良好视觉美感的重要原因，不同色彩的花、叶可以形成不同的审美心理感受，红、橙、黄常具有温暖、热烈、兴奋感，会产生热烈的气氛；绿、紫、蓝、白色常使人感觉清凉、宁静，使环境有静雅的氛围。植物以绿色作为大自然赋予的主基调，同时又以多彩的花、果、叶以动态的形式向人们展现出美的形象。除视觉形象外，很多花、果、叶甚至整个植株还发出清香、甜香、浓香、幽香等多种香味，引起人的嗅觉美感。攀缘、匍匐、垂吊植物，除具有一般直立植物形、色、香的特点外，它们的体态更显纤弱、飘逸、婀娜、备受钟爱。

植物除了自然美外，很多传统的观赏植物还富有意蕴美，其含义与通常所说的联想美、含蓄美、寓言美、象征美、意境美相近，其审美特征在于将植物自然形象与一定的社会文化、传统理念相联系，以物寓意、托物言情，使植物形象成为某种社会文化、价值观的载体，成为历来文人墨客、丹青妙手垂青的对象。在我国，这方面较为典型的藤蔓植物有紫藤、凌霄、十姊妹、木香、素馨、迎春、忍冬等。由于具有一定的传统文化载体功能，使这些植物在自然形态美的基础上又具有了丰富的意蕴美内涵。

通过植物自然美和意蕴美，与环境的协调配合来体现植物对环境的美化装饰作用是观赏植物，也是攀缘、匍匐、垂吊植物应用于观赏园艺的一个重要方面。

（三）突出生态效应

应用攀缘、匍匐、垂吊植物时，除考虑其生态习性、观赏特性外，植物对生态环境的改善也是环境绿化的重要目的。攀缘、匍匐、垂吊植物同其他植物一样具有调节环境温度、湿度、杀菌、减噪、抗污染、平衡空气中 O_2 与 CO_2 等多种生态功能。且因习性特殊，能在一般直立生长植物无法存在的场所出现，

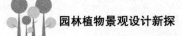

更具有独到的生态效应。由于在形态、生态习性、应用形式上的差异，不同的攀缘、匍匐、垂吊植物对环境生态功能的发挥不尽相同。例如：以降低室内气温为目的，应在屋顶、东墙和西墙的墙面绿化中选栽叶片密度大、日晒不易萎蔫、隔热性好的攀缘植物，如爬山虎、薜荔、常绿油麻藤等；欲在绿化中增加滞尘和隔音功能，应选择叶片大、表面粗糙、绒毛多或藤蔓纠结、叶片较小而密度大的种类；在市区、工厂等空气污染较重的区域则应栽种能抗污染和能吸收一定量有毒气体的种类，降低空气中的有毒成分，改善空气质量。地面滞尘、保持水土，则应选择根系发达、枝繁叶茂、覆盖致密度高的匍匐、攀缘植物为地被。

二、应用形式

攀缘、匍匐、垂吊植物的应用形式与内容要根据环境特点、建筑物的不同类型、绿化功能要求，结合植物的生态习性、体量大小、寿命长短、生长速度、物候变化、观赏特点选用适宜的类型和具体种类，也可根据不同类型植物的特点、设计和制作相应的设施，如各式栅栏、格子架、花架、种植槽、吊挂容器等，使植物、构筑物、环境之间实现科学与艺术的统一。不同的绿化场所中攀缘、匍匐、垂吊植物有以下常见应用形式：

（一）绿柱

对于灯柱、廊柱、大树干等粗大的柱形物体，可选用缠绕类或吸附类攀缘植物盘绕或包裹柱形物体，形成绿线、绿柱、花柱。古藤盘柱的绿化更亲近自然，大型藤本，如落葵薯、常绿油麻藤等有时可将树体全部覆盖。

（二）绿廊、绿门

选用攀缘植物种植于廊的两侧并设置相应攀附物使植物攀附而上并覆盖廊顶形成绿廊。也可于廊顶设置种植槽，选植攀缘、匍匐垂吊植物中一些种类，使枝蔓向下垂挂，形成绿帘或垂吊装饰。廊顶设槽种植，由于位置关系和土壤体积等情况限制，在养护管理上较为困难，应视廊的结构、具体环境条件、养护手段来设计和选用。也可在门梁上用攀缘植物绿化，形成绿门。

（三）棚架

棚架是园林绿化中最常见、结构造型最丰富的构筑物之一。生长旺盛、枝叶茂密、开花观果的攀缘植物是花架绿化的基本物质基础，可应用的种类达百种以上，常见如紫藤、藤本月季、十姊妹、油麻藤、炮仗花、忍冬、叶子花、葡萄、络石、凌霄、铁线莲、葫芦、猕猴桃、牵牛花、茑萝、使君子等。具体应用时，还应根据缠绕、卷攀、吸附、棘刺等不同类型及木本、草本不同习性，结合花架大小、形状、构成材料综合考虑，选择适应的植物种类和种植方式。如杆、绳结构的小型花架，宜配置蔓茎较细、体量较轻的种类；对于砖、木、钢筋混凝土结构的大、中型花架，则宜选用寿命长、体量大的藤木种类；对只需夏季遮阴或临时性花架，则宜选用生长快、一年生草本或冬季落叶类型。对于卷攀型、吸附型植物，棚架上要多设些间隔适当、便于吸附、卷缠之物；对于缠绕型、棘刺型植物则应考虑适宜的缠绕、支撑结构并在初期对植物加以人工辅助和牵引。

（四）绿亭

绿亭也可视为花架的一种特殊形式。通常是在亭阁形状的支架四周种植生长旺盛、枝叶致密的攀缘类植物，形成绿亭。

（五）篱垣与栅栏绿化

篱垣与栅栏都是具有围墙或屏障功能，但结构上又具有开放性与通透性的构筑物。它们结构多样：镂空有传统的竹篱笆、木栅栏或砖砌成的镂空矮墙；也有现代的钢筋、钢管、铸铁制成的铁栅栏和铁丝网搭制成的铁篱；也有塑性钢筋混凝土制作成的水泥栅栏以及仿木、仿竹形式的栅栏。使植物攀缘、披垂或凭靠篱垣栅栏形成绿墙、花墙、绿篱、绿栏。除生态效益外，比光秃的篱笆或栅栏更显自然、和谐，更生气勃勃。能应用于篱垣与栅栏绿化的植物种类很多，主要为攀缘类及垂吊植物中的一些俯垂型种类，常应用的如藤本月季、十姊妹、木香、叶子花、云南黄素馨、爬山虎、岩爬藤、素馨、牵牛、茑萝、丝瓜、文竹等。

（六）墙面绿化

墙面绿化泛指建筑物墙面以及各种实体围墙表面的绿化。墙面绿化除具有生态功能外，也是一种建筑外表的装饰艺术。

用吸附型攀缘植物直接攀附墙面，是常见而经济实用的墙面绿化方式。不同植物吸附能力不尽相同，应用时需了解各种墙面表层的特点与植物吸附能力的关系，墙面越粗糙对植物攀附越有利。在清水墙、水泥砂浆、水刷石、条石、块石、假石等墙面，多数吸附型攀缘植物均能攀附，但具有黏性吸盘的爬山虎、岩爬藤和具气生根的常春藤等的吸附能力更强，有的甚至能吸附于玻璃幕墙之上。

墙面绿化除采用直接附壁的形式外，也可在墙面安装条状或网状支架供植物攀附，使许多卷攀型、钩刺型、缠绕型植物都可借支架绿化墙面。支架安装可采用在墙面钻孔后用膨胀螺栓固定，预埋于墙内；凿砖、打木楔、钉钉拉铅丝等方式进行安装。支架形式要考虑有利于植物的缠绕、卷攀、钩刺攀附，及便于人工缚扎牵引和以后的养护管理。

用钩钉、骑马钉、胶粘等人工辅助方式也可使无吸附能力的植物茎蔓直接附壁，但难以大面积进行，可酌情用于墙面的局部装饰并需考虑墙面的温度等生态条件。

墙面绿化还可采用披垂或悬垂的形式。如可在墙的顶部或墙面设花槽、花斗、选植蔓生性强的攀缘、匍匐以及俯垂型植物，如常春藤、忍冬、木香、蔓长春花、云南黄素馨、紫竹梅等，使其枝叶从上披垂或悬垂而下。也可在墙的一侧种植攀缘植物，使之越墙披垂于墙的另一侧，使墙的两面披绿并绿化墙顶。

（七）屋顶屋面绿化

屋顶绿化常见的形式有地被覆盖、棚架、垂挂等形式。可铺设人工合成种植土的平顶屋面，可选择匍匐、攀缘类植物做地被式栽培，形成绿色地毯。屋面不能铺设土层的，也可在屋顶设种植地，种植攀缘植物，任其在屋面蔓延覆盖，对楼层不高的建筑或平房也可采用地面种植，牵引至房顶覆盖或经由屋面墙壁而覆屋顶的方式。在平屋顶建棚架，选用攀缘类形成绿棚，一可遮阴降暑，二可美化屋顶，提供纳凉休闲场所，若选用葡萄、瓜类、豆类，在果甜瓜熟时倍增生活情趣。屋顶女儿墙、檐口和雨篷边缘墙外管道还可选用适宜攀缘、俯垂植物如常春藤、蔓长春花、云南黄素馨、爬山虎、十姊妹等进行悬垂式绿化。

在屋顶上种植植物有别于在地面上种植，应选择适应性强、耐热、抗寒、抗风、耐旱的阳性至中性的植物种类，并最好用吸附型植物。

攀缘、匍匐植物体量轻，占用种植面积少、蔓延面积大，在有限土壤容积、有限承载力的屋顶上，利用攀缘、匍匐植物绿化是经济有效的绿化途径之一。

（八）阳台、窗台绿化

阳台、窗台绿化是城市及家庭绿化的重要内容，目前很多建筑在建造之时，就考虑了花槽、花架的设置以便于绿化与美化。

阳台、窗台绿化除摆设盆花外，常用绳索、竹竿、木条或金属线材构成一定形式的网棚、支架，选用缠绕或卷攀型植物攀附形成绿屏或绿棚。适宜植物如牵牛、茑萝、忍冬、鸡蛋果、西番莲、丝瓜、苦瓜、葫芦、葡萄、紫藤、络石、素馨、文竹等。不设花架，也可利用花槽或花盆栽种蔷薇、藤本月季、迎春、蔓长春花、常春藤、花叶常春藤、非洲天门冬等植物披垂或悬垂于台外，起到绿化、美化阳台、窗台外侧的作用。种植吸附型藤蔓，如爬山虎、常春藤、崖爬藤，把它们的藤蔓导引于阳台外侧栏板、栅柱及阳台、窗台两侧墙面上，可在台外形成附壁绿化带。

在阳台顶部或窗框上部设置若干吊钩，挂上数盆用网套或绳索连接，枝蔓悬垂的盆栽、攀缘、匍匐植物能对阳台、窗台上层空间起到装饰美化作用。这种绿化装饰方式要求吊盆装饰性要强，网套、吊绳也要美观、坚实、耐用。

（九）山石绿化

在假山、山石的局部用攀缘、匍匐、垂吊植物中的一些种类攀附其上，能使山石生姿，更富自然情趣。藤蔓与山石的配置是我国传统园林中常用的手法之一，有时还以白粉墙相衬，使之在形式上更添诗情画意，常应用的植物有垂盆草、凹叶景天、石楠藤、紫藤、凌霄、络石、薜荔、爬山虎、常春藤等。

（十）护坡、堡坎绿化

护坡与堡坎绿化是城市立体绿化，特别是地形、地貌复杂多变的山地城市绿化的一个重要内容。广义的护坡绿化包括地形起伏大的自然缓坡、陡坡、岩面及道路、河道两旁的坡地、堡坎、堤岸等地段。护坡绿化可选用适宜的匍匐类、攀缘类植物植于坡底或坡面，使其在坡面蔓延生长形成覆盖坡面的地被。对于堡坎、坡坎、堤岸等地段，可选用攀缘型或垂吊植物中的俯垂型植物植于坡坎顶部边缘，使其枝蔓向下垂挂，覆盖坡坎，或采用类似墙面附壁绿化形式用吸附型藤蔓攀附坡坎而起护坡绿化和美化装饰的作用。在实际运用中，上述两种形式可根据地形和土壤状况因地制宜结合使用，两种方法互为补充。

（十一）花坛、地被应用

攀缘、匍匐、垂吊植物均可依花坛的设计形式选作花坛配置材料，例如：攀缘类型可通过人工的牵引、缠绕、绑扎，使藤蔓覆于动物造型或其他几何式的三维立体框架表面，形成立体造型，应用于花坛之中。牵牛、茑萝、金莲花等，常于花坛中做铺地用。

地被植物是园林绿地的重要组成部分。匍匐茎型的植物一般均可用作地被植物，如草、地瓜藤、草莓、蛇莓、活血丹、裸头过路黄、旱金莲、蟛蜞菊、紫竹梅等。攀缘类植物常在绿地中做垂直绿化布置，实际上其中不少种类做地被效果也很好。如地瓜藤、紫藤、常春藤、蔓长春花、地锦、铁线莲、络石等均可用作林缘、疏林下、林下、路旁地被。

（十二）草坪绿地应用

人工草坪所用植物，几乎全部为禾本科及少数莎草科种类。禾本科的匍匐茎型类植物，如狗牙根、美洲钝叶草、假俭草等应用十分广泛。以禾草类铺设草坪有生长迅速、成绿快捷、细密平整、耐镇压践踏和易修剪保养等许多优越性，非一般阔叶草本所能及。唯暖季型草类入冬后枯黄，冷季型草类又多入夏即枯，难以保持周年鲜绿，如大面积应用则景观效果较差，且需不断修剪才能保持平整，费工多。一些双子叶匍匐草本，如火炭母、天胡荽、马蹄金、活血丹等，叶片较小，匍匐性好，蔓延生长迅速，不需修剪，在我国南方无霜地区四季常青，适宜做观赏草坪，有其独特性与优越性。但它们较喜荫蔽湿润，耐强光直晒与耐干旱能力不及许多禾草，应用时要选择环境并加强护理。如昆明的实践证明，马蹄金是优秀的观赏草坪草种，已迅速扩大应用。

第四节　水生植物的栽植与应用

一、水生植物常见生态群落的组成

水生植物的茎、叶、花、果都有较高的观赏价值，水生植物的配置可以打破园林水面的平静、为水面增添情趣；还可以减少水面蒸发、改良水质，而且管理粗放，并有较高的经济价值。在园林水景中水生植物按其生活习性和生态环境可分为浮叶植物、挺水植物、沉水植物（观赏水草）及海生植物（红树林）等。

水生植物群落是在一定区域内，由群居在一起的各种水生植物种群构成的有规律的组合。它具有一定的种类组成、结构和数量，并在植物之间以及植物与环境之间，构成一定的相互关系，了解这一点有助于园林水景的设计。

（一）浮水植物群落

浮叶植物能适应水面上的漂浮生活，主要在于它们形成了与其相适应的形态结构，如植物体内储存大量的气体或具特殊的储气机构等。菱和水浮莲的叶柄中间膨大呈葫芦状，这样的储气组织可大大减轻体重，使植株或叶片漂浮于水面而不下沉。如睡莲群落主要分布在湖塘的静水区，在沼泽的低洼处也能生活。它既以单独群落独秀于湖面，也能与菱、眼子菜、藻类共生于池塘中。王莲主要是人工栽培，由于叶片硕大，繁殖快，常独占池塘水面而形成单种群落；菱角群落广布全国各地池塘湖泊，在南方常与水皮莲、金银莲花等为邻，而北方则有两栖蓼、荇菜、浮叶慈姑等伴生其中；凤眼莲群落主要是人工栽培，因繁殖迅速常独占水面，只在边缘有槐叶萍、满江红等浮叶植物都形成各具特性的群落。

（二）挺水植物群落

挺水植物群落主要分布在沼泽地及湖、河、塘等近岸的浅水处。它们的营养繁殖力极强盛，地下茎可不断产生新植株，且个体非常密集而成绝对优势，以致其他植物因得不到阳光和空间而无法生存。如荷花群落一般生活在水深1.2m以下的水域，因营养繁殖快及生长势旺盛，常排斥其他植物而成单独群落。芦苇群落广布全国各地，自华南的池塘到东北的沼泽地；从江浙平原的水域到西北高原的河溪沟都有出现，只是群落的周边伴生有禾本科和莎草科植物。菖蒲群落常呈小丛植株生长于池塘、湖泊及溪河近岸的浅水处，伴生有泽泻、菰等水生植物。而黑三菱、香蒲、水葱、杉叶藻等群落也与此相类似。

（三）沉水植物群落

沉水植物的生活特性，因它们的种类不同，各自的群落分布也有差异。如黑藻群落既能生活在静水池塘，也能生长在流动的溪河中，有金鱼藻、茨藻伴生。它分布极广，无论山区小溪还是平原的溪河中，都是它们生长生活的好场所。

而黄花狸藻群落一般生活在略带酸性的浅水中。为了适应这种氮素较缺乏的环境，经过长期的演化过程，部分叶子变成了捕虫囊，囊内细胞能分泌出有麻醉作用的黏液及消化酶，将误入囊内的小虫消化吸收，用以补充自己所需要的氮素，故称食虫植物。夏秋季节，黄花狸藻的花序挺出水面，其上有数朵小黄花，常有荇菜、茨藻混生其内。除此以外，还有水毛茛、海菜花、椒草等群落。

（四）红树林群落

红树林群落主要分布于我国热带海岸，一般冬季要求水温保持在18℃～23℃时。我国华南沿海只处在热带的边缘，远不如距赤道中心马来半岛的红树林生长旺盛。广东、海南、福建的红树林多为灌木林，如海莲、木榄、红树、角果木、桐花树、老鼠筋、水椰等。这些植物在涨潮时，海水可将全部或部分树冠淹没，而退潮后则挺立在有机质丰富的淤泥海滩上，并具有发达的支柱根、呼吸根或板根。胎生的幼苗随海浪漂流到新的海滩扎根生长。

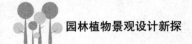

二、水生植物种植设计要点

（一）数量适当、有断有续、有疏有密

一般面积小的水面，水生植物所占面积不宜超过 $1m^2$，一定要留有充足的水面，以产生倒影效果，且不妨碍水上的运动。切忌种满一池或沿岸种满一圈，如有特殊需要，种植面积也不能超过水面的 1/3。

（二）因地制宜、合理搭配

根据水面性质和水生植物的习性，因地制宜地选择植物种类，注重观赏、经济与水质改良三方面的结合。可以单一种类配置，如建立荷花水景区。若为几种水生植物混合配置，则要讲究搭配关系，既要考虑植物生态习性，又要考虑其观赏效果，并考虑它们在一起的主次关系。如香蒲与慈姑配植在一起，有高矮之变化，不互相干扰，易为人们欣赏；而将香蒲与荷花配置在一起，因其高矮相差不多而互相干扰，故显得凌乱。

（三）安置设施，控制生长

为了控制水生植物的生长，常需在水下安置一些工程设施。最常用的是水生植物种植床，最简单的是设砖或混凝土支墩，把盆栽水生植物放在墩上，如果水浅可不用墩。这种方法在小水面且种植数量少的情况下适用。如大面积种植，可用耐水湿的建筑材料做水生植物栽植床，这样可以控制生长范围。在规则式水面上种植水生植物，多用混凝土栽植台，按照水的不同深度要求进行分层设置，也可用缸栽植，排成图案，形成水上花坛。规则式水面中的水生植物，要求其种植的观赏价值要高，如荷花、睡莲、黄菖蒲、千屈菜等。

第五节　园林植物的观赏特性

一、园林植物微观的观赏特性

通常所见的园林植物，是由根、干、枝、花和果实（种子）所组成的。根、干、枝、叶部分都与植物的营养有关，它们是植物的营养器官。而花和果是植物的繁殖器官。这些不同的器官或整体，有其典型的形态和色彩，并在夏季呈深绿色，但到了深秋就会变成深浅不同的红色。松树在幼龄期和壮龄期，其树姿端正苍翠，而到了老龄期则枝娇顶兀，枝叶盘结。植物一系列的色彩与形象变化，使得园林景观得以丰富和变化。因此，我们必须掌握植物不同时期的观赏特性与变化规律，并充分利用其叶容、花貌、色彩、芳香及树干姿态等来构成特定环境的园林艺术效果。

典型的根生长在土壤之中，其观赏价值不大，而只有某些特别发达的树种，它的根部高高隆起，突出地面，并盘根错节，颇具观赏价值。也有些植物的根系，因负有特殊的机能可不在土壤中生长，其形态自然也有所改变。例如，榕树类盘根错节、郁郁葱葱，树上布满气生根，并倒挂下来，犹如珠帘下垂，当其落至地上又可生长成粗大的树干，异常奇特，能给人以新奇之感。

树干的观赏价值与其姿态、色彩、高度、质感和经济价值都有着密切关系。银杏、香樟、珊瑚朴、银桦等主干通直、气势轩昂、整齐壮观，它们是很好的行道树种；白皮松树形秀丽，为极优美的观赏树种；梧桐树则皮绿干直；而紫薇细腻光滑等，它们都具有较高的观赏价值。

树枝是树冠的"骨骼"，其生长状况，树枝的粗细、长短、数量和分支角度的大小，都直接影响着树冠的形状和树姿的优美与否。如油松侧枝轮生，成水平伸出，使树冠组成层状，尤其老树更苍劲。而柳树小枝下垂，轻盈婀娜，摇曳生姿。一些落叶乔木，冬季枝条像图画一样的清晰，衬托在蔚蓝的天空或晶莹的雪地之上时，便具极高的观赏价值。叶的观赏价值主要在于叶形和叶色，一般叶形给人的印象并不深刻，然而奇特的叶形或特大的叶形往往容易引起人的注意。如鹅掌楸、银杏、王莲、苏铁、棕榈、荷叶、芭蕉、龟背竹、八角金盘等的叶形具有一定的观赏价值。春夏之际大部分树叶的颜色是绿色，只不过浓淡不同而已；常绿针叶树多呈蓝绿色，阔叶落叶树多呈黄绿色，但到了深秋很多落叶树的叶就会变成不同深度的橙红色、紫红色、棕黄色和柠檬色等。"霜叶红于二月花"，正是描绘枫叶、黄栌叶色彩变化的写照。

花是植物的有性生殖器官，种类繁多，可谓争奇斗艳，琳琅满目，其姿态、色彩和芳香对人的精神有着很大的影响，如白玉兰一树千花；荷花丽质高洁、姿色迷人；梅花姿、色、香俱全。"一树独先天下春""疏影横斜水清浅，暗香浮动月黄昏"都是对梅花的写照。其他如春有桃花映红，夏有石榴红似火，秋有金桂香郁馥，冬有蜡梅飘香、山茶吐艳。当秋季硕果累累时，不仅到处散发着果香，还呈现出金黄、艳红的色彩，为园林平添景色。如能搭配得当，效果更佳。

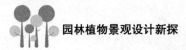

二、园林植物宏观观赏特性

就园林植物宏观的观赏特性而言，主要是指植物的大小、形态、色彩、质地和树叶的类型等。

（一）植物的大小

主要是指其高宽尺度或体量的大小，这种因素对人们的视觉影响是显著的。按照植物大小标准可将植物分为六类：大中型乔木（9～12m）、小乔木和装饰植物（4.5～8m）、高灌木（3～4.5m）、中灌木（1～2m）、矮小灌木（1m左右）和地被植物（30cm左右）。

大中型乔木在景观中的功能作用有以下几点：①因其高大的体量而引人注目，成为某一布局中的主景或充当视线的焦点；②（空间界定方面）在顶平面或垂直面上形成封闭空间；③在景观功能中还被用来提供荫凉（用来充当遮阴树）。

小乔木和装饰植物的景观功能：①能从垂直面和顶平面两方面限制空间，由于大部分树木分枝点低，因而其密集的枝干能在垂直面上暗示甚至封闭空间边界；②这类植物因其美丽的姿态和花果作为视觉焦点和构图中心。

高灌木的景观功能作用：①许多高灌木能组合在一起构成漂浮的林冠；②高灌木犹如一堵堵围墙，在垂直面上构成空间闭合，从而也可作为视线屏障和私密性控制之用；③在低灌木的衬托下，高灌木因其显著的色彩和质地形成构图焦点；④高灌木还能作为雕塑和低矮花灌木的天然背景。

中灌木往往起到高灌木或小乔木与矮小灌木之间的视觉过渡作用。

矮灌木能在不遮挡视线的情况下限制或分隔空间。在构图上，矮灌木也具有从视觉上连接其他不相关因素的作用。矮灌木的另一个功能是在设计中充当附属因素。它们能与较高的物体形成对比，或降低一级设计尺度，使其更小巧、更亲密。

与矮灌木一样，地被植物在设计中也可暗示着空间边缘。另外地被植物尚有如下景观功能：①地被植物因其具有独特的色彩或质地而能增加观赏情趣；②作为主要景物的无变化的、中性的背景或衬底；③能从视觉上将其他孤立因素或多组因素联系成一个统一的整体。

（二）植物的形态

单株或群体植物的外形，是指植物从整体形态与生长习性来考虑大致的外部轮廓。植物外形的基本类型为纺锤形、圆柱形、水平展开形、圆球形、尖塔形、垂枝形和特殊形。

1. 纺锤形

这类植物形态细窄长，顶部尖细。在设计中，纺锤形植物通过引导视线向上的方式，突出了空间的垂直面。它们能为一个植物群和空间提供一种垂直感和高度感。如果大量使用该类植物，其所在的植物群体与空间，会给人以一种超过实际高度的幻觉。当与较低矮的圆球形或展开形植物种植在一起时，其对比十分强烈，其纺锤形植物犹如"惊叹号"，惹人注目，像地平线上教堂的塔尖。由于这种特征，故在设计中数量不宜过多，否则，会造成过多的视线焦点，使构图"跳跃"破碎。

2. 圆柱形

这种植物除顶是圆的外，其他形状都与纺锤形相同。这种植物类型具有与纺锤形植物相近的设计用途，只是视觉的强烈感要相对弱一点。

3. 水平展开形

这类植物具有水平方向生长的习性，故宽和高几乎相等。展开形植物的形状能使设计构图产生一种宽阔感和外延感，从而有引导视线沿水平方向移动的趋势。因此，这类植物布局通常用于从视线的水平方向联系其他植物形态。如果这种植物形状重复地灵活运用，其效果更佳。在构图中展开形植物能和平坦的地形、平展的地平线和低矮水平延伸的建筑物相协调。若将该植物布置于平矮的建筑旁，它们能延伸建筑物的轮廓，使其融汇于周围环境之中。

4. 圆球形

具有明显的圆环或球形形状的植物。它是植物类型中为数最多的种类之一，因而在设计布局中，该植物在数量上独占鳌头。不同于前面几种植物，该类植物在引导视线方面既无方向性，也无倾向性。因此，在整个构图中，随便使用圆球形植物都不会破坏设计统一性。圆球形植物外形圆柔温和，可以和其他外形较强烈的形体和其他曲线型的因素相互配合、呼应，如波浪起伏的地形。

5. 圆锥形（尖塔形）

这类植物的外观呈圆锥状，整个形体从底部逐渐向上收缩，最后在顶部形成尖头。圆锥形植物除有易被人注意的尖头外，总体轮廓也非常分明和特殊。因此，该类植物可以用来作为视觉景观的重点，特别是与较矮的圆球形植物配

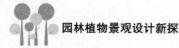

置在一起时，其对比之下尤为醒目。也可以与尖塔形的建筑物或是尖耸的山巅相呼应。

6.垂枝形

这类植物具有明显的悬垂或下弯的枝条。在自然界中，地面较低洼处常伴生着垂枝植物，如河床两旁常长有众多的垂柳。在设计中，它们能起到将视线引向地面的作用，因此可以在引导视线向上的树形之后用垂枝植物。垂枝植物还可种于一泓水湾的岸边，以配合其波动起伏的涟漪，象征着水的流动。为能表现出该植物的姿态，理想的做法是将该类植物种在种植池的边沿或地面的高处，这样，植物就能越过池的边缘挂下或垂下。

7.特殊形

特殊形植物具有奇特的造型，其形状千姿百态，有不规则的、多瘤节的、歪扭式的和缠绕螺旋式的。这类植物通常在某个特殊环境中已生存多年。除专门培育的盆景植物外，大多数特殊型植物的形象都是由自然力造成的。由于它们具有不同凡响的外貌，这类植物最好作为孤植树，放在突出的设计位置上，构成独特的景观效果。一般来说，无论在何种景观内，一次只宜置放一棵这类植物，这样方能避免产生杂乱的景象。

毫无疑问，并非所有植物都能符合上述分类标准。有些植物的形状极难描述，而有些植物则越过了各不同植物类型的界限。但尽管如此，植物的形态仍是一个重要的观赏特征，这一点在植物因其形状而自成一景或作为设计焦点时，尤为显出它的突出地位。不过，当植物是以群体出现时，单株的形象便消失，自身造型能力受到削弱。在此情况中，整体植物的外观便成了重要的方面。

（三）植物的色彩

紧接植物的大小、形态之后，最引人注目的观赏特征便是植物的色彩。植物的色彩可以被看作情感的象征，这是因为色彩直接影响着一个室外空间的气氛和情感。鲜艳的色彩给人以轻快、欢乐的气氛，而深暗的色彩则给人以异常郁闷的气氛。由于色彩易于被人识别，因而它也是构图的重要因素。植物的色彩，通过植物的各个部分而呈现出来，如通过树叶、花朵、果实、大小枝条以及树皮等。其中树叶的色彩是主要的。

植物配置中的色彩组合，根据花色或秋色来布置植物，是极不明智的，因为特征会很快消失。在夏季树叶色彩的处理上，最好是在布局中使用一系列具色相变化的绿色植物，使在构图上有层次丰富的视觉效果。另外，将两种对比色配置在一起，其色彩的反差更能突出主题。其中，深绿色能使空间显得恬静、安详，但若过多地使用该种色彩，会给室外空间带来阴森沉闷感；浅绿色植物能使一个空间产生明亮、轻快感。

在处理设计所需要的色彩时，应以中间绿色为主，其他色调为辅。另外，假如在布局中使用夏季的绿色植物作为基调，那么花色和秋色则可以作为强调色。色彩鲜明的区域，面积要大，位置要开阔并且日照充足。因为在阳光下比在阴影里可使色彩更加鲜艳夺目。当然，如果慎重地将鲜艳的色彩配置在阴影里，鲜艳的色彩能给阴影中的平淡无奇带来欢快、活泼之感。

（四）树叶的类型

包括树叶的形状和持续性，并与植物的色彩在某种程度上有关系。在温带地区，基本的树叶类型有三种：落叶型、针叶常绿型和阔叶常绿型。落叶植物的最显著功能之一便是突出强调了季节变化；某些落叶树的另一个特性是让阳光透射叶丛，使其相互辉映，产生一种光叶闪烁的效果；还有一个特性就是它们的枝干在冬季树叶凋零后，呈现出独特形象。

与其他类型的植物比较而言，作为针叶常绿树来说，其色彩比所有种类的植物都深（除柏树类以外），这是由于针叶植物的叶所吸收的光比折射出来的光多，故产生这一现象。在设计中应该注意：其一，不能使用过多，以免造成一种郁闷、沉思的气氛和悲哀、阴森的感觉，正因为如此，一般在纪念性公园以及陵园里，这类植物使用较多。其二，必须在不同的地方群植常绿针叶树，避免分散。针叶常绿树的一个显著特征，就是其树叶无明显变化，色彩相对常绿。由于其针叶密度大，因而它在屏障视线、阻止空气流动方面非常有效，同时作为其他景物的背景也很理想。

与针叶常绿树一样，阔叶常绿树的叶色几乎呈深绿色。不过，许多阔叶常绿植物的叶片具有反光的功能，从而使该植物在阳光下显得光亮。作为一个树种来说，阔叶常绿植物因其艳丽的春季花色而闻名，故在绿地中可以普遍使用，同时也常作为行道树。

根据不同植物树叶类型的不同特性，除了在设计中要注意场合和环境以外，还要注意地区的地方特色和要求，通常在华北地区，落叶树和针叶常绿的比例要大些，这是因为一方面常绿阔叶树分布少，另一方面气候寒冷需要光照充足；在江南地区，常绿与落叶比例基本持平；在华南地区，常绿落叶树的比例刚好与华北地区相反。另外，不同性质的绿地以及业主的喜好，同样影响常绿与落叶树的比例，在设计中要慎重考虑，精心布置。

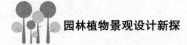

（五）植物的质地

所谓植物的质地，是指单株植物或群体植物直观的粗糙感和光滑感。它受植物叶片的大小、枝条的长短、树皮的外形、植物的综合生长习性，以及观赏植物的距离等因素的影响。我们通常将植物的质地分为三种：粗壮型、中粗型及细小型。

1. 粗壮型

通常具有大叶片、浓密而粗壮的枝干（无小而细的枝条）以及疏松的生长习性。这类植物观赏价值高、泼辣而有挑逗性。由于粗壮型植物具有强壮感，因此它能使景物有趋向赏景者的动感，从而造成观赏者与植物间的可视距短于实际距离的幻觉。在许多景观中，粗壮型植物在外观上都显得比细小型植物更空旷、疏松、模糊。

2. 中粗型

通常是具有中等大小叶片、枝干以及具有适度密度的植物。与前者相比，这种植物透光性较差，而轮廓较明显。这类植物占种植成分中最大比例，是一项设计中的过渡成分，起到联系和统一整体的作用。

3. 细小型

通常长有许多小叶片和微小脆弱的小枝，具有整齐密集的特性。这类植物的特性及设计功能恰好与粗壮型植物相反。

因此，在不同的空间和距离中可以选用不同质地的植物来加强植物的质地，不仅对于空间感和距离感有较大的影响，而且当观赏距离很接近植物景观时，它便是重要的观赏特征，从而使植物景观远近都有"景"可观、可赏。

第六章　园林水体与园林植物景观设计

水是万物之源，是自然界最具魅力的元素之一。水不仅在气候调节、增加湿度、改善小气候、维持物种多样性等方面发挥重要作用，在园林造景中更是不可或缺的重要因素。数千年来，古人通过对水的认知与合理利用，确定了中国造园以自然山水为骨架的设计手法并延续至今，足见其在景观造园中的重要性。

园林水体的形式灵活，尺度多变，大可以湖泊池沼布局，小则以喷泉叠水出现，类型丰富，收放相宜。时而湍急轰鸣，时而小溪潺潺，可谓有动有静、有声有色。

植物作为景观中的软质要素在园林水景的构成中更是不可或缺的重要组成部分。植物类型丰富，色彩形体多变，可以很好地完善构图，增加空间层次，打破水体的单调，丰富季相变化，同时兼具涵养水源、净化空气、营造氛围、托物言志等功能，因此不论中西方的何种园林水体形式，也不论其在园林中是主景还是配景，都要借助植物丰富景观，并通过对其的营造创造和谐美观、师法自然的理想境界。

第一节　古典园林水体植物景观方式

中国古典园林讲求师法自然、和谐生动。不论是山体地形，还是水池湖面，多借鉴和模仿大自然的鬼斧神工，源于自然，且高于自然。

对比古典园林与现代园林，我们发现水体景观的设计源泉都来自大自然，但在景观内涵、施工工艺、生态功能等方面具有一定的变化，这些因素必然影响水体环境周围植物的选择和造型的变化。现代园林水体更多体现场所风格和新技术、新材料、新工艺的运用，随之植物造景也更多元化，往往重构图、重色彩、重形式、重群落搭配，如大面积的剪型植物和彩叶树的运用等；而古典

117

园林水体则多在围合的土地和空间上体现园主的审美旨趣，植物配置更写意，重意境，重内涵，重精神层面的追求，以达到情景交融、天人合一的境界，抒发胸怀、借以明志。如荷风四面亭旁荡漾摇曳的荷花，杭州西湖边著名的柳岸闻莺，都营造了形象生动的意境效果。

古典园林水景形式依据南北方园林类型的不同，大致可分为两类，一类多见于北方的皇家园林，另一类多见于南方的私家园林。

皇家园林占地辽阔，气势恢宏，处处体现着统治者至高无上的地位和权力。其中的水体多采用开阔的水面，简单自然，且有大自然的江河湖海皆为我用的气势。著名的颐和园、圆明园都有开阔的水面，水面上人工开凿岛屿、堤岸，利用洲、岛、桥把全园划分成许多大小不一的水面，空间变化多，层次感强，又各自独立成景。

私家园林中的理水方式多是小中见大，在有限的空间内以精巧取胜、小而曲折、小而丰富。清代著名造园家李渔曾说过"一勺则江湖万里"，就是形容私家园林水体的独特空间效果的。私家园林的水体周围多采用山石驳岸，体现自然变化，利用小岛、石矶、小桥、驳岸、水口的处理，结合山石创造各式各样的水态与水景，真可谓移步换景、步移景异。

不论皇家园林，还是私家园林，两者虽在风格、形式上差异较大，但是它们在植物配置尤其是水景营造方面却有许多异曲同工之处。如植物配置方面都讲求意境优先，都注重赋予植物文化内涵，以及植物景观与整个园林能否浑然一体。同时在植物选择方面讲求季节的变化，讲求线条、色彩、嗅觉、姿态等带来的不同体验以及蓝天、碧水、绿树、红墙黛瓦勾勒出的画面感。苍劲的松柏、傲雪的蜡梅、待霜的秋菊、姹紫嫣红的紫荆等都是驳岸边观赏、吟咏的好素材，"竹外桃花三两枝，春江水暖鸭先知"就是最典型的代表。在水面植物的选择方面，出淤泥而不染的睡莲、挺水而出譬如君子的荷花，凡是有水的地方，水面必然漂浮着睡莲、荷叶的碧绿身影。古典园林中许多景点都因此得名，如"曲院风荷""观莲所""采菱渡""萍香泮"，比比皆是。

第二节　各类水体的植物景观

园林中的水体形式丰富多彩。有效仿自然，展现静态之美的湖泊、河流、水池、池塘、湿地，也有表现水势流动之美的瀑布、叠水、溪流、喷泉、壁泉、涌泉，它们形式灵活，尺度、形态多变，色彩丰富，与荷花、睡莲、菖蒲、水葱等水生植物自然融合，交相辉映，共同构成有声有色，有动有静，梦幻多变的水景景观，成为景观中的主景或焦点。根据景观中水体尺度的大小和造景效果的不同，我们把景观水体基本归纳为湖池、溪流、喷泉、叠水、湿地几类，在设计时根据其水体的生态环境和造景的要求，选择相应的植物配置方式。

一、湖池的植物造景

我国疆域辽阔，湖泊丰富。景观中的湖泊多因形就势，借助自然水源为我所用，形成视野辽阔、自然平静的景观效果。杭州的西湖、苏州的金鸡湖都借助湖面形成了独具特色的景观效果。湖多为开阔水面，面积较大。由于湖面较为低平，为突出其宁静致远，湖岸常进行丰富的植物造景，在水中形成变换的倒影参与造景，形成水天相接、美轮美奂的视觉效果。所谓"疏影横斜水清浅，暗香浮动月黄昏"就是这样的意境表现。

湖区的植物造景多利用水中的水生植物和水岸边的乔灌木塑造多层次立体的景观效果。在植物选择上多突出季节效果，因此彩叶植物是首选，随着四季的变换，形成色彩斑斓的季相特点。湖边沿岸常常种植耐水喜湿的植物，大到乔木如水杉、池杉，小到草本植物如海芋、鸢尾、菖蒲、芦苇等，力求品种丰富、姿态优美。同时结合形态、线条及色彩的搭配，与驳岸、山石进行互动，形成层次丰富的立体构图，柔化湖岸线的单调、平直，另外还要与远山相接，使环境浑然一体。湖面上多运用的是挺水、浮叶植物，这类植物可以弥补水面的单调，尤其是大水面更需要这样的补充，但切记不可过于拥堵，以免破坏湖面开阔的效果。

湖区植物造景还要兼顾驳岸的处理手法，针对自然植被驳岸、山石驳岸与人工砌筑驳岸等进行合理搭配。譬如自然植被驳岸由水面向陆地过渡自然，坡向缓和，在配置中多注意由水生植物、地被、花灌木到乔木的层次变化和过渡，形成由低到高的自然群落效果。当然这其中也要注意疏密的变化，通透有致。山石驳岸强调置石与植被的组合效果，线条感强的植物为首选，可多考虑蔓生和丛生效果好的植物品种覆盖在自然山石上，使其若隐若现，在掩盖生硬的石岸线的同时增添人工砌筑驳岸在现代城市景观较为常见，对于这类驳岸我们常常依据周围景观的特征配置植物。可以规则整齐也可以自然多变，但同样要考虑层次的变化与植物群落的整体效果。

城市中的池塘多由人工挖掘而成，其岸线硬朗分明，池的形状有曲折多姿的自然驳岸，有规则整齐的几何图形，自然或规则取决于周围景观的特征。

相对于湖面的浩大开敞，园林中的水池要精致多变许多，且形式灵活，尺度小巧。园林中的水池多见于公园的局部景点、居住区的花园、街头的绿地、大型酒店的花园、屋顶的花园、展览温室等，一般多为人工挖筑，深浅不一，形式也有规则与自然等的不同。植物设计时一般多结合主题、形式而定。规则式水池的植物配置也多为规整式，种植池的位置及植物形态旨在打破水池线条的单调，同时活跃水池周围的气氛；自然式水池植物配置手法灵活，多结合形态各异的花灌木和地被，形成幽深的效果，强调构图变化与均衡，使别致的水池更显生动。在近几年的景观建设中，有时为了提升环境的趣味性和追求意境，水池更是清浅，细沙、卵石、铺装一望见底，写意性十足。如上海的来福士广场后庭院，一抹浅浅的水池，几株细细的睡莲，水池轮廓构成感极强，凸显现代景观特质，提高环境品质。

对于水池的植物造景，一般侧重于景观效果的表达，有时为追求整体效果，在设计时强调模拟自然界水体的植物群落，从岸上到水中逐步采用湿生乔灌木、挺水植物、浮叶植物、浮水植物；有时力求小中见大，为使局促的区域显得开敞，在设计时往往留空或用植物划分空间。

二、溪流的植物造景

园林中的溪流多指一些带状的动态水体。常见的形式有河流、小溪、水涧、瀑布等。这样的水体部分源于自然，往往处于不同高差的地形环境中，通过这样的地势差可以形成由高到低的流动效果，即所谓"水往低处流"。在这或缓或急的潺潺流动中，水石碰撞，植物迂回萦绕，一派自然野趣呈现眼前。因此大部分溪流是一种以动为主的水体要素，这种水体不仅充分展现了水的流动美，其流动激荡产生的声音也是园林欣赏中的一个重要元素，体验性极强。对于自然界中的溪流，多出现于山谷中，因此常常与茂盛的森林植物群落浑然一体。大自然鬼斧神工般将清澈透明的溪流和两侧色彩斑斓的植被巧妙地绘制在一起，构成了一幅幅美妙的中国山水画。在这里，植物设计的重点是氛围和意境的营造，同时依据地势急缓所形成的水流走向及急缓宽窄来进行合理的植物配置，以增强变化的空间感。首先，在溪流两侧或上部空间可利用高大乔木形成郁闭空间，阻挡视线，营造山林般的小环境。其次，在溪流边可根据水流急缓布置耐阴湿的草本和低矮花灌木，一丛丛一簇簇与潺潺流水和细石丝丝相扣，增添野趣。这其中还要注意水流的开合变化，植物的配置也要时而开朗，时而密集，营造曲径通幽、自然淳朴的景观效果，源于自然，更要高于自然。

现代城市景观中还有一部分人工溪流，它们多模拟自然溪流的线形和流动姿态，但驳岸处理手法明显人工化，这类溪流在进行植物配置时讲求与环境融合，同时还要营造氛围，打破单调，通过或轻柔或凝重的植物搭配丰富空间色彩和层次。

三、喷泉、叠水的植物造景

喷泉和叠水是动态水。但由于其体态精致，声色俱佳，往往在园林中成为环境焦点和视觉中心，备受关注。近几年，随着生活品质的提高，凡有条件者，都会布置喷泉和叠水入园，以此来提高环境品质。因此，喷泉和叠水的形式也是层出不穷，水池喷泉、旱池喷泉、景墙叠水、小品叠水林林总总。对于这类水体在进行植物配置时多强调对于主景的烘托，不能喧宾夺主。植物配置宜简洁大方，以完善构图为主，形成很好的背景衬托或框景画面。

四、湿地景观的植物造景

湿地与森林、海洋并称全球三大生态系统，是自然界中最为丰富的一种水体景观，在世界各地分布广泛。它多指天然或人工形成的沼泽地和带有静止或流动水体的成片浅水区，还包括在低潮时水深不超过 6m 的水域。湿地还被称为"地球之肾"，对于净化空气、涵养水源、蓄水排洪、保持物种的多样性等具有不可替代的作用。因此，近些年来，随着生态环境建设的兴起，湿地景观也日渐成为设计热点。

湿地景观的特点是自身物种丰富，生态系统强大，其功能大于形式。景观设计手法也不同于其他类型，以保护为主，尽量减少人工介入和构筑，保护原有植被，保持低洼地形和水面，丰富其生物多样性，而人工的游览娱乐项目尽量减少对湿地景观的干扰。植物营造方面在保持现有品种的基础上，在环境中强调乔灌草、水生、湿生相结合的复合结构，以及多种配置手法综合运用。哈尔滨的雨洪公园是很好的案例。

第三节　堤、岛、桥的植物景观

堤、岛、桥是景观水体中常见的构筑物或设施，它们体量多变，布局灵活，可以有效地划分水面空间，组织交通和游览，构成景观中独特的风景线。而堤、岛、桥的植物造景不仅可以增加空间层次，丰富水面空间的色彩，使环境锦上

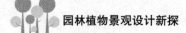

添花，还可以形成虚实结合、层林尽染的独特景观效果，是水体景观不可或缺的设计要素。

一、堤

堤是跨越水面的带状陆地，多见于大型水体或自然水面，常将大水面划分成一个或几个尺度对比明显的水域。堤多与桥相连，通过桥体连通水系。著名的苏堤六桥通过映波、锁澜、望山、压堤、东浦和跨虹六座拱桥将西湖偌大的水面一分为二，为游人提供了悠闲漫步而又观瞻多变的游赏线。走在堤桥上，湖山胜景如图画般展开，万种风情，任人领略，形成了"苏堤春晓""六桥烟柳"的著名景观。

堤两侧的植物配置多以行列式为主，其间种植常绿或观花类乔灌木，强调高低有序，疏密有致。常见的植物有柳树、侧柏、紫薇等。

著名的苏堤在植物配置上以植柳为主，还栽植了玉兰、樱花、芙蓉、木樨等多种观赏花木，一年四季，姹紫嫣红，五彩缤纷，并随着时序变换，晨昏晴雨，氛围不同，景色各异。这如诗若画的怡人风光，也使苏堤成了人们常年游赏的地方。

二、岛

四面环水的小块陆地称为岛屿。景观中依据尺度大小及陆地围合程度的不同分为全岛、半岛和礁石。园林中的岛既可远观也要能登临近赏，它是水面的景观，同时也是联系两岸的纽带。岛屿景观强调观赏的整体感，岛屿的植物配置强调增加其空间层次和突显其视觉效果，丰富构图和提升色彩丰富度。因此，在设计中植物选用常以彩叶植物与季相变化明显的乔灌木为主。在营造丰富的植被观赏景观的同时也为鸟类和其他动物提供了更多的栖息地。因此，岛屿也被公认为维持物种多样性的重要景观地带。

三、桥

桥是架在水上或空中便于通行的构筑物，在城市交通和园林造景方面发挥重要的连接作用。桥体类型、风格多样，材料、尺度变化差异较大。有偏重艺术性的平桥、拱桥、浮桥、索桥，也有偏重材质和装饰工艺的木桥、铁桥和石桥；有在城市复合交通中发挥重要作用的立交桥，也有在公园及居住区随处可见的栈道汀步。它们的线条或曲或直，或雄伟壮观，或精致细腻，每逢桥体存在之处都是景观中的视觉焦点所在。

大型桥体往往在城市中发挥重要功能，它的植物配置首先不能影响桥体的交通作用，以确保桥体周围有好的视线和安全性，因此一般在城市立交桥和跨河海大桥植物配置中植物往往以陪衬式群落出现，乔灌草相结合，强调对环境的柔化和衬托作用，同时兼顾生态效益。譬如大连香炉礁立交桥多采用五叶地锦等攀缘植物，增加绿量和调节局部小气候，增加湿度。同时在桥体周围种植水杉等线条植物，增加纵向线条，打破立交桥硬质少变的单一构图，还在桥体周边的开阔场地布置大型模纹和彩色剪形植物，与立交桥单调的色彩形成鲜明的对比。

小型桥梁多是景观中的重要节点，起到很好的组织游览作用和点缀效果。为了与环境相协调，桥体或曲或直，有些更是写意性极强。这类桥体的植物配置往往侧重意境的创造，与环境相互烘托。时而疏密有致，时而一览无余，时而山重水复，时而柳暗花明。为了达到理想意境，有时在开阔的空间只是简单一丛马蔺，有时在局促的尺度范围内却是草木丛生，密不透风。总而言之，桥体的植物造景不拘一格，只要是与桥体位置、造型、意境相协调，我们就可以创造不同的视觉和空间体验效果。

第四节　园林水体植物景观常用植物

园林中的水体植物依据自身对水分需求习性的不同，以及南北气候条件的差异，其在景观中的使用位置也大不相同，有些是耐水湿，有些是喜湿，还有一些是需要水生。因此，把园林水体植物造景中常用的植物归纳为岸边植物、驳岸植物和水生植物三种类型。这三类植物相互组合，形成了高低错落、开合变化的滨水空间，既丰富了视觉空间层次，完善了构图，又形成了起伏的地形和天际线，营造了独特的滨水景观效果。

一、岸边植物

岸边植物不一定与水直接衔接，多与水面通过驳岸相隔。其作用主要在于形成水面到陆地的过渡，丰富岸边景观视线，延伸水面效果和层次，突出自然野趣。因此，这类植物范围较广，形体局限性小，可以是多年生草本植物、花灌木，较远处也可种植大灌木或乔木，具有耐水湿能力即可。岸边植物高低远近的配置就如同绘画一般要深思熟虑，考虑构图还要创造景深，这样才能形成

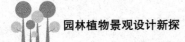

层次丰富的空间效果，有时还可考虑创造具有立体感的倒影，参与造景。

北方地区常常植垂柳于水边，还常用白蜡和枫杨，或配以碧桃樱花，或放几株古藤老树，或栽几丛月季蔷薇、迎春连翘，春花秋叶，韵味无穷。有时候，也可在开阔平坦的水岸边或浅滩处种植一片水杉林，大气而壮观，每逢深秋，层林尽染，金黄一片，很有一种意想不到的效果。可用于北方水岸边栽植的还有旱柳、红枫、榉树、悬铃木、柽柳、丝棉木、桑树、加拿大杨、杜梨、海棠、棣棠和一些枝干变化多端的松柏类树木。一些北方的乡土树种如毛白杨、槐树等，只要位置适宜，也可形成独特的景观效果。南方水边植物的种类更为丰富，如水松、池杉、蒲桃、榕树类、红花羊蹄甲、木麻黄、椰子、蒲葵落羽松、串钱柳、乌桕等，都是很好的造景材料。

二、驳岸植物

驳岸植物临水而居，多为喜湿和抗涝性较好的植物。园林绿化中依据驳岸的处理形式不同，植物配置的模式方法也有区别。譬如石岸、砌石驳岸、混凝土驳岸、砖砌驳岸、卵石沙滩驳岸等，驳岸植物多与岸边植物合一，而自然驳岸则需要根据水体的大小、位置情况不同选择相应的植被模式，既可以是开阔平整的缓坡草地，也可以是色彩斑斓、错落有致的水生花卉组合，更可以是体现自然野趣、野草之美的芦苇、香蒲一类。设计中植物选择往往要结合水与驳岸、水与环境、水边道路、人流量等进行布置，远近、疏密、断续恰到好处，就如一首节奏韵律和谐的乐章那样，自然有趣，又具备优美的景观效果。现代城市景观中驳岸线大多比较生硬、粗糙，这正好需要用植物进行柔化、美化。

北方园林在驳岸植物的处理上，除了通过迎春、垂柳、连翘等柔长纤细的枝条来柔化人工驳岸的生硬线条外，还在岸边栽植一些花灌木、地被、四季草花和水生湿生花卉，如鸢尾、千屈菜、菖蒲、水葱、郁金香、美人蕉、风信子、剑麻、地锦等，也可以用锦熟黄杨、雀舌黄杨、小叶女贞、金叶女贞、刺柏类等修剪成不同造型进行绿化遮挡。当然，也可以根据季节栽植草花、宿根花卉等来美化。以上几种植物其实也有很多是适合南方的，如鸢尾、菖蒲、美人蕉、郁金香等，同时，像杜鹃、含笑，以及很多兰科植物、天南星科植物、蕨类植物、鸢尾属植物，都是很好的驳岸绿化材料。

三、水面植物

水面植物多为完全水生，根据其在水面分布位置的不同可细分为挺水植物、浮水植物、沉水植物等。景观中根据观赏的视觉特点多采用前两种，在一些湿地园或沼泽地景观中为了维护生态系统的物种多样性也多考虑选择沉水植物。

水面植物是园林水体绿化不可缺少的一种植物材料，这部分植物可以填补水面的空白，尤其是大水面更需要这样的补充。植物景观配置较好的大片水体，能够于明净、开阔的视野中，给游人增添清雅、爽心悦目之感，同时，水面植物又具有分隔空间的功能。

一般来说，水面植物配置不宜拥挤，浮叶或浮水植物的设计要注意面积的大小及与岸边植物的搭配，注意虚实结合、疏密有致；过于拥挤的水面既影响美观，也会阻碍水面的空气交换，不利于植物生长，同时水中的枯叶应当及时清理，保持水面整洁清爽。

设计时可以把较开阔的水面空间分成动、静不同的区域，针对区域特点和水面功能进行植物布置，力求有对比、有疏密。要在有限的空间中留出充足的开阔水面，用来展现倒影和水中游鱼，增强趣味性。

南北水面植物的种类差别不是很大，基本上是荷花、睡莲、王莲、荇菜、萍蓬、菖蒲、鸢尾、芦苇、水藻、千屈菜等，在接近岸边的地方，还有种植燕子花、水芋、灯芯草、薄荷、锦花沟酸浆、勿忘我、丁香蓼、毛茛和苔类植物的，漂浮在水面和沉入水中的则以水藻类植物为主，如大家熟悉的各种藻类，水马齿、欧菱、水藓也是常用的沉水和浮水植物。

第七章　园林山石与园林植物景观设计

第一节　山石与植物景观设计

一、山石的造景形式

在传统的造园艺术中，堆山叠石占有十分重要的地位。园林中的山石因其具有形式美、意境美和神韵美而富有极高的审美价值被认为是"立体的画""无声的诗"。中国古典园林无论北方富丽的皇家园林还是江南秀丽的私家园林，均有掇石为山的秀美景点。而在现代园林中，简洁练达的设计风格更赋予了山石朴实归真的原始生态面貌和功能。中国传统园林的石景主要是指假山石的应用。山石在《风景园林基本术语标准》中是指园林中以造景或登高览胜为目的，用土、石等材料人工构筑的模仿自然山景的构筑物。在实际建园中又包含了假山和置石两个部分。

（一）假山

园林中的假山，体量可大可小，小者如山石盆景，大者可高达数丈。它是以造景游览为主要目的，充分结合其他功能，以土、石等为材料，以自然山水为蓝本并加以艺术的提炼，用人工方法再现自然山水景观。在园林景观设计中，假山作为山石组合造景的主要表现形式，土与石结合得是否恰当、与环境是否和谐，直接影响着假山的风格与效果。古典园林中的假山因材料不同，可分为土山、石山和土石混合山。

（二）置石

置石则是以山石为材料，运用独立性或附属性的造景布置手段，主要表现

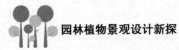

山石的个体美或局部的组合美，不具备完整的山形。置石的布置形式有特置、散置、群置等。

一般来说，假山的体量大而集中，可观可游，使人有置身于自然山林之感；置石则主要以观赏为主，体量较小而分散。

二、不同山石形式的植物配置

《园冶·掇山篇》："或有嘉树，稍点玲珑石块，不然，墙中嵌埋壁岩，或顶植卉木垂萝，似有深境也。""凡掇小山，或依嘉树卉木，聚散而理。"都说明传统园林中山石与植物的结合是非常常见的，也是中国传统园林造园的一大特色。当植物与山石组合创造景观时不论要表现的景观主体是山石还是植物，都需要根据山石本身的特征和周边的具体环境，精心选择植物的种类、形态、大小和不同植物之间的搭配形式，使山石和植物组织达到最自然，最美的景观效果。柔美的植物可以衬托山石之硬朗和气势，而山石之辅助点缀又可以让植物显得更加富有神韵。植物与山石相得益彰的配置，更能营造出丰富多彩、充满灵韵的景观。

（一）土山

土山是指不用一石全部堆土而成的假山。李渔在《闲情偶寄》中说："用以土代石之法，既减人工，又省物力，且有天然委曲之妙，混假山于真山之中，使人不能辨者，其法莫妙于此。"土山利于植物生长，能形成自然山林的景象，极富野趣。因此，土山上适宜种植形体高大、姿态优美的乔灌木，形成森林般的自然景观。同时选择应用适应当地气候的植物种类十分重要。在古典园林中，现存的土山则大多限于整个山体的一部分，而非全山，如苏州拙政园雪香云蔚亭的西北隅，为了配合主题，雪香云蔚亭周围种植了许多的蜡梅、梅花，加上一些大的松柏、竹丛、沿阶草等，形成了具有嗅觉美的山林冬景。

（二）石山

石山即全部用石堆叠而成的山。故其用石极多，所以其体量一般都比较小，李渔在《闲情偶寄》中所说的"小山用石，大山用土"就是个道理。小山用石，可以充分发挥叠石的技巧，使它变化多端，耐人寻味。如果园林面积较小，聚土为山势必难成山势，所以庭院中造景，大多用石，或当庭而立，或依墙而筑，也有兼作登楼的蹬道。石山构成源自中国山水画，是真山的精炼概括，自身就极具古意，因此一般不大量种植植物，应与石山本身体量相宜，起到点缀对比的作用。同时石山能适宜种植植物的隙穴很少，植物选择大多是一些低矮匍匐耐干旱的种类。

（三）土石山

土石山是最常见的园林假山形式，土石相间，草木相依，富有自然生机。尤其是可做大型假山，如果全用山石堆叠，即使堆得峥嵘嶙峋，也显得清冷强硬，加上草木不生，终觉有骨无肉。如果把土与石结合在一起，使山脉石根隐于土中，泯然无迹，还便于植大树花木，树石浑然一体，山林之趣顿生。土石山又分为以石为主的带土石山和以土为主的带石土山两种。

带土石山又称石包土，此类假山先以叠石为山做骨架，然后再覆土，再植树种草。从结构上看：一类是堆叠石壁洞壑作为主要观赏面，于山顶和山后覆土，如苏州艺圃和怡园的假山；另一类是四周及山顶全部用石，或用石较多，但会保留较多的植物种植穴，同时主要观赏面无洞，形成整个的石包土格局。如苏州留园中部的池北假山。这类假山的植物种植要体现精致恰当，或具独特风格的树姿，或具特色鲜明的花果，与不同品相的山石搭配，相得益彰，意蕴悠远。

带石土山又称土包石，此类假山以堆土为基底，只在山脚或山的局部适当用石，以固定土壤，并形成优美的山体轮廓。如沧浪亭的中部假山，山脚叠以黄石，蹬道盘纡其中。这类假山因土多石少，可形成与土山类似的自然山林景象，林木蔚然而深秀，又具山石野趣。

在城市中，山体不论以土为主，或以石为主，或土石相间，都需茂木美荫，以达到顿开尘外之想的山林意趣，使"山藉树而为衣，树藉山而为骨。树木不可繁，要见山之秀丽，山不可乱，须显树之光辉"。

（四）置石

置石主要以观赏为主，在景观环境中往往起点景作用。这种形式可突出山石的个体形态美，也可在石上题名作诗突出周围景观的意境。置石可分为特置、对置、群置和散置。特置山石，也称为孤赏石，体量宜大，轮廓清晰；对置，并非对称布置，而是在门庭、路口、桥头等处做对应布置；群置是应用多数山石互相搭配点置；散置实际上包括了特置和群置，其艺术要求是"似多野致"。也有以石材构成花台、树池等形式的置石手法，使得园林风格更为自然古朴。

置石一般体量可大可小，如果单体体量高大，具有完整的造型和鲜明的个性，那么可在局部或较大范围内作为主景，植物搭配也十分灵活，与大树相配体现古顽之态，与灌草结合又呈雄拙之资，以群植林木为背景则能显出独石的

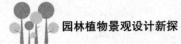

浑然天成。其他类型的置石因石品不同，布置灵活，因此植物的搭配形式也多种多样，要注意的是，这种树石的选择搭配要与环境空间的观赏视距相适应，才能体现最佳效果。

三、植物与山石的造景形式

不论是传统园林还是现代景观，植物与山石结合造景类型可分为以下三种。

（一）植物和山石互相借姿，相映成趣

山水画中常有山石花卉小品之景，是"师法自然"的一种表现。山水画中画题式的丛植，以姿态良好的小乔木、灌木和花卉为主，多以山石配梅、兰、竹、松、藤本、芭蕉等植物组合成景，力求在搭配上统一。《园冶》有言："峭壁山者，靠壁埋也。借以粉壁为纸，以石为绘也。理者相石皴纹，仿古人笔意，植黄山松柏、古梅、美竹，收之圆窗，宛然镜游也。"就是对这种画题式丛植做法的描述，常以白粉墙为纸，山石植物为画，结合画题来设计，点缀于园墙或建筑角隅，可以使角隅的生硬对立得到缓和与美化。也可用月洞门及园窗为框取景。这种山石与植物结合的创作方式被誉为"袖珍山林"，其体量可以根据环境条件可大可小，因此在园林中应用广泛。

假山的植物配置宜利用植物的造型、色彩等特色衬托山的姿态、质感和气势。假山上的植物多配植在山体的半山腰或山脚。配植在半山腰的植株体量宜小、盘曲苍劲；配植在山脚的植株则相对要高大一些，枝干粗直或横卧。

（二）以山石为主，植物为辅

即以彰显山石之美为主，用植物作为山石的配景。陈从周有语："以书带草增假山生趣，或掩饰假山堆叠的弊病处，真有山水画中点苔的妙处了。"引申到种植设计手法上就是用薜荔、地锦、书带草等草本或藤本植物装点山石，并符合山水的画理和画题。正所谓"栽花种竹，凭石格取裁"，因此，在植物与山石相配时还要考虑体量、色彩、线条、意趣等因素。传统园林种植设计尤其注重审美意趣的程式法则，常以竹配石笋，以芭蕉配湖石，以松配黄石，这些都是前人经验总结的结果。如北海琼岛旁边假山上的植物设计就是虚其根部以显山石之奇巧的典型案例。另外，低矮的草本植物或宿根花卉层叠疏密地栽植在石头周围，精巧而耐人寻味，良好的植物景观也恰当地辅助了石头的店景功能。

（三）植物为主、山石为辅

以山石为配景的植物配置可以充分展示自然植物群落形成的景观。设计主要以植物配置为主，石头和叠山都是自然要素中的一种类型。还可以利用宿根花卉，一、二年生花卉等多种花卉植物，栽植在树丛、绿篱、栏杆、绿地边缘、道路两旁、转角处和建筑物前，以带状自然式混合栽种形成花境，这样的仿自然植物群落再配以石头的镶嵌使景观更为协调稳定、亲切自然，更显历史的久远。现在城市的许多绿地中都有花境的做法，如广州云台花园的环境一角由几块奇石和较多植物成组配置。石块大小呼应，有疏有密，植物有机地组合在石块之间，马尾铁、七彩马尾铁、南天竹、肾蕨等植物参差高下、色彩变化、生动有致。上海植物园在世博会期间做的花境，有毛地黄、羽扇豆、大花飞燕草、楼斗菜、牛舌樱草、黄金菊、角董、费利菊、澳洲狐尾"幼兽"等多种花卉植物，不同外形的组群，不同色彩的面块，偶见块石三两一组、凹凸不平，横卧在花丛之中，色彩绚丽、生动野趣，让人充分领略到大自然的田野气息。

第二节　岩石园植物景观设计

一、岩石园的概念与历史

（一）岩石园

我国在《风景园林基本术语标准》中，将岩石园定义为模拟自然界岩石及岩生植物的景观，附属于公园内或独立设置的专类公园。岩石园是有所特指的一种植物专类园，旨在展现独特、优美的高山、岩生植物生境景观，与在场地中摆放几块山石的园林形式截然不同。岩石园的概念反映了它的景观主体和生境类型，是建造岩石园的首要依据。

岩石园在我国的建设还不成熟，以至于常有将岩石园与假山园相混淆的错误发生。其实，岩石园与我国的假山置石是本质不同的两种园林形式，但主要的园林元素类似，有一定的相关性，特别是我国传统的土石结合的叠山方式，在施工技法上与岩石园有较大相似性。岩石园形成于西方，确切地说它是英国园艺的产物。岩石园的发展取决于高山、岩生植物种类的丰富程度和植物配置的合理性，岩石并不是主角，而是植物的载体，主要体现的是植物生长的环境形态。假山园起源于中国，岩石是相对主要的观赏对象，植物处于次要地位，植物依山势配置，烘托假山石的形体美。所以，岩石园中最重要的要素就是植

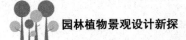

物，而且是能表现高山景观特征的植物，草本植物种类远多于木本植物。

另外，假山置石对岩石的个体美观有较高要求，而岩石园选石虽也有美观要求，但石材的功能性显得更为重要。两者对石材选择的相似之处在于：石不可杂、块不可均、纹不可乱。

（二）岩石园的发展历史

岩石园是英国园艺的产物。16 世纪初，英国引种高山植物，驯化、育苗作为园林观赏植物。18 世纪末欧洲兴起了引种高山植物的热潮，一些植物园中开辟了高山植物区，成为现在岩石园的前身。如 1774 年在伦敦的药用植物园里，用冰岛的熔岩堆成岩山，并栽种阿尔卑斯山引种来的高山植物。与此同时，英国惠特里著《近世造园管见》，提出要肯定岩石在庭园中的艺术地位。直到 19 世纪，开始把高山植物的鉴赏与叠山筑石结合起来探索，遂出现了所谓的岩石园。经过长时间的创作实践、总结、提高，到 19 世纪 40 年代，岩石园这一专类园林形式的创造基本趋于成熟。

从 19 世纪开始，岩石园逐渐在世界各国发展起来。1916 年，美国在布鲁克林植物园内建造了第一个岩石园，这是由原来的垃圾堆放处改建的，是展示早春开花植物以及秋季绚丽多彩植物的岩石园。在东方岩石园首次出现的是 1911 年在日本东京大学理学部内以植物园形式建造的岩石园。目前著名的岩石园主要是英国爱丁堡皇家植物园内的岩石园、英国牛津大学植物园内的岩石园、英国剑桥大学的岩石园、英国威斯利花园的岩石园等。我国第一个岩石园是陈封怀先生于 20 世纪 30 年代创建的，位于庐山植物园内，至今还保留着龙胆科、报春花科、石竹科里的一些高山植物种类。

在建设岩石园的同时，西方植物学家和造园家开始总结建园经验，对岩石园的成熟发展大有裨益。早在 1864 年，奥地利植物学家就写了关于高山植物种植的书籍，为引种栽培高山植物提供了理论依据。1870 年英国的威廉·罗宾孙（William Robinson）和 1884 年法国的学者相继出版了关于高山植物种植的书籍。其后，1908 年雷金纳德·法雷尔（Reginald Farrer）在高山植物引种栽培理论的基础上出版了 *My Rock Garden* 一书；1919 年，法雷尔出版的两卷 *The English Rock Garden* 推动岩石园向更为自然的园林发展，此书后来成为各地建造岩石园的经典理论书籍。在植物应用方面，早期的岩石园所应用的基本是高海拔的高山植物，可是由于不能适应低海拔的环境以致很多高山植物死亡，后来寻找出一些外貌与高山植物类似的低海拔植物种类来替代，才使得岩石园得以发展。

二、岩石园的类型与特点

（一）以建造目的进行分类

以建造目的进行分类，可以分为植物专类园与观赏性岩石园两大类。

1. 植物专类园

这类岩石园以收集与展示高山植物与岩生植物为主要目的，一般植物种类比较丰富，环境的选择、改造和岩石的堆叠围绕植物所需要的生境展开，在满足植物生长需求的前提下，提高环境的观赏性，成为可游可赏的专类园，其实质是植物专类园，其外貌是具有特殊观赏韵味的园林。该类岩石园又分高山植物园与岩生植物专类园两大类。

高山植物园的建造目的是收集一定区域范围内的高山植物，为高山植物的生存创造最有利的环境条件。其建造在选址上有一定要求，一般选择在高海拔地区，有条件的植物园会利用一定的设施（如冷室）控制各种环境因子，为植物的健康成长提供必要条件。

岩生植物专类园是低海拔地区，为收集、展示岩生植物而建，该专类园收集植物种类比较多，一般面积较大，通过岩石的点缀美化园区，利用地形与地势为岩生植物创建合适的环境条件。一般选择在自然山沟溪流边，利用山沟与溪流营造不同的光照和湿度条件，满足岩生植物的需要。

2. 观赏性岩石园

这类岩石园是模拟低矮的高山植物与岩石景观的园林。其主要目的是满足人们对特殊景观的视觉需求，一般应用于园林绿地或公园内。岩石园在绿地的应用形式灵活多变，不仅在公园与私家庭院中以专类花园的形式出现，其景观元素与观赏特征还常常在园林的局部位置展现，丰富园林景观。其表现形式有岩石花境、岩生植物在台阶与硬质铺地的应用、废弃采石场的景观修复等。

（二）按照岩石园的设计和种植形式分类

按照岩石园的设计和种植形式分类，可以分为以下几类。

1. 规则式岩石园

规则式岩石园。常建于街道两旁，房前屋后，小花园的角隅及土山的一面坡上。外形常呈台地式，栽植床排成一层层的，比较规则。景观和地形简单，主要用于欣赏岩生植物及高山植物。

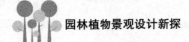

2. 墙园式岩石园

这是一类特殊的岩石园。利用各种护土的石墙或用作分割空间的墙面缝隙种植各种岩生植物。有高墙和矮墙两种。高墙需做 40cm 深的基础，而矮墙则在地面直接垒起。建造墙园式岩石园需注意墙面不宜垂直，而要向护土方向倾斜。石块插入土壤固定，也要由外向内稍朝下倾斜，以便承接雨水，使岩石缝里保持足够的水分供植物生长。石块之间的缝隙不宜过大，并用肥土填实，竖直方向的缝隙要错开，不能直上直下，以免土壤冲刷及墙面不坚固。石料以薄片状的石灰岩较为理想，既能提供岩生植物较多的生长缝隙，又有理想的色彩效果。

3. 容器式微型岩石园

一些家庭中常趣味性地采用石槽或各种废弃的动物食槽、水槽，各种小水钵、石碗、陶瓷容器等进行种植。种植前必须在容器底部凿几个排水孔，然后用碎砖、碎石铺在底部以利排水，上面再填入生长所需的肥土，种上岩生植物。这种形式便于管理和欣赏，可随处布置。

4. 自然式岩石园

自然式岩石园以展现高山的地形及植物景观为主，并尽量引种高山植物。园址要选择在向阳、开阔、空气流通之处，不宜在墙下或林下。公园中的小岩石园，因限于面积，则常选择在小丘的南坡或东坡。

岩石园的地形改造很重要。模拟自然地形，应有隆起的山峰、山脊、支脉，下凹的山谷，碎石坡和干涸的河床，曲折蜿蜒的溪流和小径，以及池塘与跌水等。流水是岩石园中最愉悦的景观之一，故要尽量将岩石与流水结合起来，使园内具有声响，显得更有生气。因此，要创造合理的坡度及人工泉源。溪流两旁及溪流中的散石土，种上岩生植物。这种种植方式便于管理种植植物，使岩石园外貌更为自然。丰富的地形设计才能创造植物所需的多种生态环境，以满足其生长发育的需要。一般岩石园的规模及面积不宜过大，植物种类不宜过于繁多，不然管理极为费工。

从景观上它又可细分为以下几种。

①自然式裸岩景观。模仿自然裸露岩石景观，把植物种植于岩床内，并在岩穴与岩隙之间分别配置不同的耐旱植物。

②自然式丘陵草甸景观。模仿高原草甸缓坡丘陵地形，把一些高山草甸的植物配植于岩石之上。

③自然式碎石戈壁景观。模仿自然界中碎石滩和戈壁荒滩景观，将岩石植物栽植于石砾之中。

三、岩石园的岩石堆叠

（一）岩石园岩石的选择

岩石是岩石园的植物载体，岩石的选择与堆叠都将影响植物的生长与最终的景观效果。西方岩石园岩石的主要功能是为高山、岩生植物创造生境，它还具有其他重要功能：①挡土。在堆山高出地面时必然形成坡度，用石块挡土既节约土地，防止水土流失，又能在坡下的路堑中欣赏悬崖般的植物景观；②满足高山植物喜欢生长在石缝中的习性；③降温。岩石表面常因日晒而温度急骤上升，其表面以下的石体及附近土壤则温度较低，低于无石遮挡的土壤。但岩石降温散热也较快，高山植物根系适应于石缝中的温度变化，表面岩石的保护又能使植物根系温度不会过高。

岩石园用石最关键的是要能为植物根系提供凉爽的环境，石隙要有储水的能力，应选择透气并可吸收湿气的岩石。像花岗岩、页岩之类坚硬不透气吸水的岩石不适合放在岩石园内。除了在功能上满足植物生长的需求外，还要兼顾观赏的要求，应选择外表纹理富有变化、外形偏方不圆、大小参差、厚实自然的石材。一般岩石园最常用的石材有砂岩、石灰岩、砾岩三种。

其他石材甚至是建筑用材也能用于建设特殊类型的岩石园或形成别致景观。如用小石子或卵石可形成碎石床景观；耐火砖可建槽园，但人工性比较强，可用于规则式岩石园或单纯石槽建园。另外，可以用碎瓦片或珍珠岩等材料作为岩石园的结构层，有利于土壤排水和保湿。

总之，选择建设岩石园的石材重点是把握好石材的功能性，并不苛求使用某一种岩石，但岩石园的用石首先应考虑石材为植物根系提供凉爽的环境，石隙要有储水的能力，故要选择透气、具有吸收水分能力的岩石，多孔渗水的石材比硬的花岗岩和页岩好。

（二）岩石堆叠

岩石园中虽然岩石不是欣赏主体，没有我国假山置石那样的审美标准和复杂的堆叠手法，但是也要求有参差不齐的山势和植物搭配形成自然丰富、浑然天成的高山景观，因此在岩石堆叠时也有一定理法。

在整个岩石园或至少在主要区域只用一种类型的岩石。一般一个岩石园中

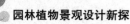
只用 1～2 种石材，否则园区总的整体性不够强，易显得散乱。石块要求来自同一地区，使石色、石纹、质地、形体具有统一性。可选择当地棱角分明的山石，就近取材，能节省财力，还能使游人产生亲切感。

如果岩石是分层的，横放岩石，并使岩石的纹理朝同一个方向。岩块的摆放位置和方向应趋于一致，才符合自然界地层的外貌。如果用同一手法，同一倾斜度叠石，会比较协调。倾斜方向要朝向植物，否则会使水从岩石表面流失。

置石时，要保证基础稳固，放置岩石时使每一块岩石之间相互接合，使岩石放置稳定，还应有适当的基础支撑，以利于更好地排水。除了一些小的裂缝，相邻的石块之间要具有整体感，让地上暴露的部分看上去是和地下连接在一起的巨大的整体石块。

岩石应平卧而不能直插入土，且至少埋入土中 1/3～1/2 深，将最漂亮的石面露出土壤，基部及四周要结实地塞紧填满土壤，使岩石园看上去是地下岩石自然露出地面的部分。石与石之间要留出空间，用泥土坚实地填补，以便植物生长。

小型岩石园不能将岩石散到任何地方，应该有组织地形成紧密单元，有一致的坡度、朝向南或西面。

岩石的摆置要符合自然界地层外貌，同时应尽量模拟自然的悬崖、瀑布、山洞、山坡造景，如在一个山坡上置石太多，反而不自然。岩石之间是有关系的，好像自然侵蚀的岩床暴露出来或者风和水侵蚀的结果，这就要求园中石料的主要面有相同的方向，而小石块利用得好，可能有效地带来露出岩层的印象。

岩石堆叠对植物根系环境的营造是很重要的，在岩石堆叠过程中建造各种凹槽种植不同类型的植物，良好的排水和底部透通、确保填进的土壤直接和下面的土壤相连，是确保植物生长繁茂的前提条件。岩石的堆叠必须是从下往上的，生长在岩石缝隙中的植物，必须在堆叠岩石的过程中种植，当下层岩石堆叠完成后，灌土、放置植物、再覆土，然后放置上层石块，这样才能保证植物根系舒展平缓地放在岩石之间，这与我国传统的施工工艺有一定的区别。

墙园的墙面不能垂直，岩石要堆叠呈钵式，石缝间缝隙不宜过大，要用肥土填实，岩石缝隙要错开，避免土壤冲刷和墙体不牢固，岩石最好选用片状石材，能提供植物较多的生长缝隙，岩墙顶部及侧面都要种植植物，可在砌筑岩墙过程中种植，岩墙通常高 60～90cm，但可根据环境等因素调整。

槽园由于是对整块岩石进行凿刻，注意要在底部留出排水孔，下面垫上排水层，上部放基质，栽植植物后在表面覆盖碎石。形状以自然式为主，也可根据需要加工成圆形等其他形状。室内高山植物展览室常采用台地式岩床的种植形式。

四、岩石园植物的选择与配置

岩石植物或称岩生植物是指生长在森林线以上高山植物和生长在岩石缝中岩生植物。

余树勋先生在其《园中石》中对岩生植物的解释比较直观，易于理解：昔日的旅行者攀登高山时，发现乔木渐渐稀少，甚至看不见大树了，这个高度后来森林学者取名"乔木线"。这条线以上都是灌木、多年生草本及匍匐性蔓生植物，这里常称为"高山草原"。乔木线因该地所处的纬度不同而高度不一，如日本北海道的乔木线海拔为 800～1300m。生长在乔木线以上的植物统称为高山植物。其中一部分生在岩石表面或岩石缝隙上，抗性很强的植物又称"岩生植物"。

美国岩石园协会给岩石园植物下的定义是，来自本地和其他大陆的，来自高山、沼泽、森林、海边、荒地、草原的一两年生、多年生草本、灌木和鳞茎植物。严酷的气候和恶劣的生长条件，使这些植物常具有矮小紧密的结构、奇异有趣的叶片和硕大而美丽的花朵，因而使岩石园更具诱人魅力。

可以看出岩生植物最早是指具有较强抗性和耐瘠薄能力，株形低矮（包括少数乔木），有一定观赏价值并适宜与岩石配合应用，甚至可直接生长于岩石表面，或生长、覆于岩石表面的薄层土壤上的高山植物。后来由于引种高山植物过于困难，就将一些具有类似形态特征，可与岩石相伴用来模仿高山景观的较低海拔植物植于岩石园中，称为岩生植物。

（一）岩石植物的生境特点

高山植物最显著的生态外貌是矮生性。这既是高山严酷生境对植物生长限制的结果，又是植物本身最重要的适应方式。如它们以低矮或匍匐的植株贴近地表层（风速小、较温暖湿润、CO_2 浓度较大、冬季有雪被保护等）。生理适应性则表现为高山植物在很短促的温暖季节内（一般 2～3 个月）能迅速完成其生活周期，并主要依靠营养繁殖（分蘖、根茎、鳞茎、块根、匍匐茎、株茎）等。其他的适应方式如垫状体、莲座叶、植株具浓密茸毛、表皮角质化和革质化、小叶性、叶席卷、叶鞘保护等，都是对低温尤其是对低温强风和强烈辐射综合所造成的干旱环境的适应。

生长在岩石缝中的岩生植物一般都很耐旱，具有很长、粗壮的根系，植株多直立丛生。株高比高山植物略高，其生态外貌多具很短的茎，茎叶伏地，叶间距短而花序极长，如红花钓钟柳、楼斗菜等。岩生植物的生态环境多种多样，有些植物只生长在干旱岩缝之中，如瓦松、灯芯草、蚤缀。有些植物是因生长在石缝或贫瘠干旱土壤造成植株矮小，而在其他环境可能稍高些。如多花胡枝子。岩生植物多数种子能自然成熟，且可自播繁衍。

由于岩生植物最早来源于高山植物，与其有很多相同的特性。高山上气候条件比较特殊，一般温度低、风速大、空气湿度大、寒冷期较长，所以植物的生长期极短。高山植物在漫长的生物进化中形成了与之相适应的生境特点。首先，从形态外貌上表现为低矮匍匐性，植株很少具有高大的茎干，叶多基生，植株被茸毛或角质化或革质化，叶小或退化，这些特点也同样被岩生植物所拥有。另外，生于石缝间的植物都具有粗壮的长根系，而地上部分丛生伏地，同时大多具有较长的花序，且花色艳丽。

基于上述特点，在岩石园选择岩生植物时应满足以下三个条件。

①植株矮小，株形紧密。一般以直立不超过45cm为宜，且以垫状、丛生状或蔓生型草本或矮灌为主。对乔灌木，也应考虑具矮小及生长缓慢等特点。

②根系发达，抗性强，耐干旱瘠薄土壤。岩石植物应适应性强，特别是具有较强的抗寒、抗旱、耐瘠薄力，适宜在岩石缝隙中生长。

③具有较强的观赏特性。岩生植物大多花色艳丽、五彩缤纷，所以岩石园植物也应选择花朵大或小而繁密，色彩艳丽的种类；或者要求植物株型秀美叶色丰富的观叶植物，适于岩石配置。

（二）岩石植物的种类

岩石植物种类繁多，世界上已流行应用的有2000～3000种，主要分为以下几大类。

1.苔藓植物

苔藓类植物是一种结构简单、原始的高等植物，是高海拔地区常见的植被类型。大多是阴生、湿生植物，少数能在极度干旱的环境中生长。能附生于岩石表面，点缀岩石，非常美丽。苔藓植物还能使岩石表面含蓄水分和养分，使岩石富有生机。如齿萼苔科的裂萼苔属、异萼苔属、齿萼苔属，羽苔科的羽苔属，细鳞苔科的瓦鳞苔属，地钱科的地钱属、毛地钱属等。同时苔藓植物颜色丰富，有黄绿色的丛毛藓、白色或绿白色的白锦藓、红色的红叶藓和赤藓，还有灰白色的泥炭藓及棕黑色的黑藓等，可以点缀岩石的颜色，非常美丽。

2. 蕨类植物

蕨类植物又称羊齿植物，其最大的特点就是大多数种类羽裂的叶片似羊齿。蕨类植物没有花果，以多变的叶形株型、清秀的叶姿、丰富的叶色与和谐的线条美独树一帜。在生态习性上，有水生、土生、石生、附生或缠绕树干，岩石园中大多应用的是石生的蕨类。石生的蕨类植物中一类生长在阴湿的岩石缝隙或石面上，虽然土层较薄，但湿度大，而且有大量的苔藓植物覆盖。可植于荫蔽的角隅中，覆盖裸露的地面或植于岩石缝隙中，如匍匐卷柏、北京铁角蕨、铁线蕨属、过山蕨、北京石韦等。另一类则生长在向阳石壁上，土壤瘠薄干旱，这种类型的蕨类适应性极强。可以应用在墙垣、岩石园中，如卷柏、粉背蕨属、岩蕨属和石韦属等。总体来说适用于岩石园的有卷柏科卷柏属、石松科石松属、紫箕科的紫箕属、铁线蕨科的铁线蕨属、粉背蕨属、岩蕨属、凤尾蕨科的凤尾蕨属和水龙骨科的石韦属等。

3. 裸子植物

主要为矮生松柏类植物，如铺地柏、铺地龙柏等，均无直立主干，枝匍匐平伸生长，爬卧岩石上，苍翠欲滴；又如球柏、圆球柳杉等，丛生球形，也很适合布置于岩石之间。

4. 被子植物

主要指典型的高山岩生植物，不少种类的观赏价值很高，如石蒜科、百合科、鸢尾科、天南星科、酢浆草科、凤仙花科、秋海棠科、野牡丹科、马兜铃科的细辛属、兰科、虎耳草科、堇菜科、花葱科、桔梗科、十字花科的屈曲花属、菊科部分属、龙胆科的龙胆属、报春花科的报春花属、毛茛科、景天科、苦苣苔科、黄杨科、忍冬科的六道木属、荚蒾属，杜鹃花科、紫金牛科的紫金牛属、金丝桃科中的金丝桃属、蔷薇科的部分属等，都是很美丽的岩生植物。

（三）岩石植物的配置

在进行岩石园植物配置时，首先应注意山石的景观效果，山石布置要有主有次，有立有卧，有疏有密，石与石之间也必须留有能填入植物生长所需各种土壤的缝隙与间隔，再根据环境条件和景观要求合理地进行种植布置。对于较大的岩石，在其旁边，可种植矮生的常绿小乔木、常绿灌木或其他观赏灌木，如球柏、粗榧、云片柏、黄杨、瑞香、十大功劳、岩生杜鹃、荚蒾、六道木、箬竹、火棘、南迎春、南天竹等；在其石缝与岩穴处可种植石韦、书带蕨、铁线蕨、凤尾蕨、虎耳草等；在其阴湿面可种植各种苔藓、卷柏、苦苣苔、紫堇、斑叶兰等；在岩石阳面可种植吊石苣苔、垂盆草、红景天、远志、冷水花等。对于较小的岩石，在其石块间隙的阳面，可植白芨、石蒜、桔梗、酢浆草、水仙及各种石竹等；在较阴面可种植荷包牡丹、玉竹、八角莲、铃兰、蕨类植物等。在较大的岩石缝隙间可种植匍地植物或藤本植物，如铺地柏、铺地龙柏、平枝枸子、络石、常春藤、薜荔、扶芳藤、海金沙、石松等，使其攀附于岩石之上。在高处冷凉的石隙间可植龙胆、报春花、细辛、秋海棠等。在低湿的溪涧岩石边或缝隙中可种植半边莲、通泉草、唐松草、落新妇、石菖蒲、湿生鸢尾等。

岩石边坡绿化要根据岩石边坡的坡度、岩石的裸露情况、土壤状况等立地条件综合考虑，合理选择适宜的岩生植物及其配植方式。岩石边坡绿化的主要目的是固土护坡、防止冲刷，植物配置时要尽量不破坏自然地形地貌和植被，选择根系发达、易于成活、便于管理、兼顾景观效果的植物种类。如在坡脚处可栽植一些藤本植物，如常春藤、爬山虎、络石、扶芳藤、葛藤等进行垂直绿化；或采用灌木、草或小乔或灌木、草相结合的配植形式，植物组合配植时要考虑先锋植物、中期植物和目标植物的搭配，应以乡土的岩生植物为主。

总之，岩石园应根据造园目的要求、园地环境条件、所在地区的不同，采用各种岩石植物。规模较大的岩石园还应适当修筑溪涧、曲径、石级、叠水、小桥、亭廊等形成曲折幽深的景色，使园林效果更好。如中国科学院华南植物园中澳洲植物专类园的岩石园地势高低起伏，道路用石块铺设，建造时按各种岩生植物的生态环境要求，选取具有代表性的山石，模拟澳洲岛屿山地的裸露岩层景观，所用岩石未经人工雕琢，有立有卧，有丘壑，疏密相间，石与石之间留有缝隙与间隔，用以填入各种岩生植物生长所需的土壤。在大岩石旁种有产自澳洲的方叶五月茶、澳洲蒲桃等矮生乔木、岩石间种植有高岗松、岩生红千层、澳洲米花、石南桃金娘、年青蒲桃等小灌木，石缝隙中长有攀缘、缠绕的草质藤本植物，地面上的草坪形成自然植被，颇具山区野趣，充满旷野的冷峻荒凉气息，体现出一种自然、原始、真实之美。

此外，华南植物园中的温室群中有一个高山／极地植物温室，里面也同样以岩石园的做法展出高山植物和亚高山植物。

第八章　园林建筑与园林植物景观设计

建筑是凝固的音乐，而园林中的建筑更是这音乐中华美的音符。它不一定有厚重的体积、高耸的立面，但却往往成为视觉焦点或构图中心，是园林中的点睛之笔，并在与其他要素的协调配置中大大提升环境品质，体现环境特色。

园林中的建筑包括园林建筑与小品两大类。建筑是建筑物与构筑物的统称，多涵盖园林中形体较大，占地较广，并通过一定的物质技术手段，结合科学与美学规律法则，创造满足人们休憩或观赏用的建筑物。园林建筑可以居住也可以不在其中生产和生活，包括园林中的亭、榭、廊、阁、轩、楼、台、舫、厅堂、桥梁、围墙、大门、堤坝等。园林装饰小品则通常体型小巧、轻盈许多。它是园林中供休息、装饰、照明、展示、方便游人使用和为园林管理之用的小型建筑设施，一般没有内部空间，造型别致、功能丰富，富有时代特色和地方色彩特征，如园林中的园椅、花架、园灯、雕塑、宣传栏、引导牌、景墙、窗门洞、栏杆、垃圾桶、厕所等都属于这一范畴。

园林建筑与小品的布置通常也需要与其他要素相配合，以求建筑的功能与意境能相互烘托。而植物作为环境中无处不在的软要素，对于建筑与环境融合的作用是不可替代的，两者相辅相成，互为耦合。建筑可成为植物的背景，衬托植物的姿态；植物又可柔化建筑的生硬，弥补建筑的色彩与线条的单一，并依据当地的气候条件提供丰富的品种选择，以形成多姿多彩的地方特色。同时，四季更替所带来的春花、夏叶、秋实、冬干的季相变化也可使建筑外部空间表现出美轮美奂、生动活泼的特殊景观效果。因此，合理进行园林建筑植物造景对于提高居住、生活、办公、娱乐等环境品质不可或缺。

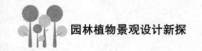

第一节　植物景观对园林建筑的作用

园林艺术是一门视觉的艺术、空间的艺术。园林中的建筑虽巧夺天工，但在尺度、形态、色彩和质地方面却显得单一，缺少变化。因此，要取得丰富的景观效果，建筑就要与自然环境有机协调，通过植物造景与环境进行融合，通过与其他要素的互相穿插，达到布局、视觉、空间的丰富变化。植物造景对园林建筑的作用主要包括以下几部分。

一、完善作用

园林中的建筑多成点状，它们分散在园林中的各个角落，体量富有变化，但难免孤立，构图单一，人工痕迹强烈，外立面简单枯燥、色彩缺少变化。通过植物的合理配置，建筑外部空间会得以有效延伸，既可完善构图，建筑形体也会变得圆润丰富、外观优美。如大型园林建筑基础周围配置枝叶开展的高大乔木可活跃气氛，打破僵硬与严肃；而在轻巧别致的建筑小品周围及立面上配植轻盈多变的小灌木或攀缘植物，可增加趣味性，缓解视觉上的单调感。

植物有序的组织和排列还可以起到限定空间的作用。特别是在局促的尺度内，通过植物形成的屏障可以达到虚隔空间的效果，只闻其声，不见其影，从而使场地空间类型变得丰富和完善。除此之外，植物配置还可以加强景深，如建筑入口前开阔的场地，采用不同的配置方式可使景深效果明显不同。通透对植的乔灌木可使场地紧凑一览无余，而高低错落的乔灌木相结合则可使景深显得悠长，在设计中常常利用这样的效果使有限的空间小中见大。

二、统一作用

园林中的建筑形体多变，大小不一，色彩丰富，为使其取得有效的联系，协调搭配，与环境融合，植物常常起到了纽带的作用，它可使毫无关系的建筑空间在布局和视线上取得联系，同时还可以使其协调统一，增添意境和生命力。如在工业区规划设计中，为使同一厂区中办公、厂房、仓储、展示等不同的环境有机融合，往往采用行列式的植物配置，选择统一的植物品种进行协调。有时还可起到减少建筑与周边环境冲突的作用，可谓事半功倍。如在园林中，有些建筑物非常突出，像比较高的园墙、比较大的园林门洞等，形成强烈的视觉冲击，这时就需要通过植物配植的手法，对冲突进行缓解，使其与周围环境更加协调。

三、强调作用

园林中常用植物对比和衬托的手法来烘托气氛，突出主体，对园林建筑进行强调。如对植物的形体、色彩、疏密、明暗关系的控制，可以使建筑得以突显，吸引视线。如在纪念性景观中纪念碑两侧对植的松柏类植物，可以很好地衬托纪念碑的高耸与严肃，公园中主题雕塑周边低矮的花灌木与修建整齐的绿篱花带可以极好地强调雕塑的主体位置。

四、识别作用

有时在园林建筑周边进行特色的植物配置可以形成独特的空间效果，使建筑环境得以有效识别。如南京中山陵里大片的龙柏，年代久远，苍劲有力，不仅很好地烘托了场地的氛围，还具有极强的识别性，大连星海公园入口门廊上的一片紫藤，每逢夏秋，累累的花朵与果实使人印象深刻，过目不忘。

另外，各种植物因时间季节的不同产生的生长变化，可使建筑周边产生丰富的景观，也使不同类型的建筑环境产生生动活泼的识别效果。春、夏、秋、冬，花开花落，不同的姿态，不同的色彩，不同的质地往往形成不同风格的艺术效果，使同一地点在特定时期产生特有景观，给人不同感受，便于识别，让人印象深刻。

五、软化作用

建筑物的线条一般都比较生硬，色彩单一，植物往往通过其细腻的质感、柔和的枝条、丰富的色彩与独特的姿态来软化建筑的生硬与单调，丰富艺术构图，协调建筑与环境的关系。如古典园林中窗外的芭蕉、置石旁的竹丛、园亭旁的苍松在表达意境、营造场景的同时都通过植物美丽的色彩及柔和多变的线条来弥补建筑的不足，柔化建筑的线条，丰富其轮廓，取得构图的均衡稳定。现代园林中线条简洁的建筑小品与造园风格更需要一丛马蔺、几株鸢尾、一行冬青的点缀。

六、框景作用

植物与建筑有时因强调的内容不同可以互为框景。当我们把建筑设计为视觉焦点时，通常利用植物的层次、枝叶形成风景框架，有时还借助地形地貌，

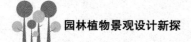

将建筑框于画面中心，形成框景。而当建筑外的风景成为视觉焦点时，则往往借助建筑的门窗，形成画框，将美景纳于其中，形成框景。

第二节　不同风格的建筑对植物景观的要求

园林中的建筑风格迥异。有的古典，有的现代；有中式、日式，还有欧洲风情；有规则式布局还有自然式分布，可谓差别甚大。每一座园林建筑都有其不同的历史背景、地域文化和使用功能，在进行植物配置时应力争与建筑的风格和谐统一，使园林建筑与植物搭配相得益彰；并通过植物品种的选择和配置方式的不同更好地突显园林建筑的主题、完善园林建筑的构图，柔化园林建筑的线条，烘托园林建筑的尺度和地位，丰富园林建筑的意境，凸显园林建筑的风格与特色、不同功能、类型和历史背景，赋予建筑以韵律感、个性化及时间季候变化。

一、古典园林中的建筑与植物造景

中国古典园林历史悠久，博大精深，风格突出，自成体系。它以其精湛的工艺手法、美轮美奂的构图空间、深刻的哲学思想与境界追求，被公认为世界园林之母，在世界园林发展史上独树一帜，是世界重要的历史文化遗产。

中国古典园林虽由人作却宛自天开，多模仿或借鉴自然界的自然山水，将建筑小品、假山置石、花草树木依据不同的环境要求融于其中，以达到情景相融、和谐自然的理想境界。这其中建筑与植物，一硬一软，一张一弛两种要素的结合对于意境的传达尤为重要。中国古典园林建筑飞檐翘角，造型独特，时而厚重，时而轻巧，带有浓厚的等级色彩与地方差异，它的植物造景一方面要满足欣赏与美学要求，但更重要的还是象征意义与意境传达，因此在不同的风格类型中有着不同的表现与要求。

（一）皇家园林中的建筑对植物造景要求

皇家园林以北方居多，规模宏大，气势非凡。为了凸显统治者的气派与至高无上的权威，宫殿建筑群大都具有占地宽广、个体宏大、布局严整、色彩浓重的艺术特点。北方园林建筑稳重大度，屋角起翘较平，不论是宫殿、楼阁还是亭、台、轩、榭处处体现了皇家园林的气派，在花木栽植上更以传统树种与名贵花木居多，营造富贵、庄重、威严、兴旺的氛围。如姿态苍劲、古拙庄重的龙柏、侧柏、圆柏、油松、白皮松、七叶树在故宫、天坛中随处可见，意境深远、花繁叶茂的海棠、牡丹、芍药、月季、玉兰、银杏等在颐和园、圆明园中更是普及性极高。

在布局方面皇家园林为体现皇权的秩序与严明的等级制度，建筑形式多以规则式为主，严谨有致，其植物配置也多采用规则式的手法，排列整齐。建筑严整的中轴线，对称的格局，加以两侧或周围对植、列植的树木是最为常见的皇家园林植物造景，在这阵列式的苍松翠柏与色彩浓重的建筑物相映衬之中，也形成了庄严雄浑的园林特色，与建筑环境要表达的内容极为贴切。

（二）私家园林中的建筑对植物造景要求

私家园林隐于江南，多为文人墨客、王公贵族隐居之处，是其修身养性、闲适自娱之所。其面积大多较小，以水面为中心，四周散布建筑，集合花木假山，通过以小见大的自然式布局手法再现大自然的景色，清代造园家李渔曾说的"一勺则江湖万里"正是对其的高度概括。私家园林建筑体量空灵、飘逸，以粉墙、灰瓦、栗柱为特色，建筑屋角起翘很大，用于显示文人墨客的清淡和高雅。植物配置不求丰富，而在乎风雅，要充满雨打芭蕉般诗情画意的意境，在景点命名上更是体现建筑与植物的巧妙结合，著名的海棠春坞、荷风四面亭都是因植物而得名，营造诗情画意般的观景效果。私家园林还多于建筑墙基、角隅处植松、竹、梅、兰、菊等象征古代君子的植物，托物言志。除此之外，南方私家园林常用的植物还有玉兰、牡丹、芭蕉、梧桐、荷花、睡莲等。

（三）寺庙园林中的建筑对植物造景要求

寺庙园林是指佛寺、道观、历史名人纪念性寺庙的园林，包括寺观周围的自然环境，是寺庙建筑、宗教景物、人工山水和天然山水的综合体。寺庙园林突破了皇家园林和私家园林在分布上的局限，可以分布在自然环境优越的名山胜地，借自然地貌与山体植被为我所用。自然景色的优美、环境景观的独特、天然景观与人工景观的高度融合、内部园林气氛与外部园林环境的有机结合，都是皇家园林和私家园林望尘莫及的。

寺庙园林的建筑布局多依山就势，以规则式为多，植物在环境营造时多以孤植、对植、行列式为主，整齐划一，排列有序，错落有致，体现了寺庙园林的庄严肃穆。除此以外，建筑多以木质与石材为主，历经久远，结合古树名木，给人以幽深古远的历史沧桑感。人们常说寺因木而古，木因寺而神，寺庙建筑的植物配置表现了儒道佛对自然的态度，一花一世界，一树一菩提，因此寺庙园林也是一种写意式的园林。常用的寺庙园林植物有油松、圆柏、国槐、七叶树、

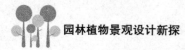

银杏，而且多采用列植和对植的方式种于建筑前，创造清幽、雅致、超凡脱俗的寺院境界。

二、现代建筑的植物造景

（一）现代建筑特点

现代建筑广义上包括 20 世纪之后出现的各种各样风格的建筑作品。现代建筑与传统建筑最大的区别当属工业发展给建筑业带来的新型建筑材料及新技术、新工艺的运用，如钢筋混凝土、玻璃幕墙、金属构件、环保材料等的广泛应用，使得现代建筑风格迥异，造型多变，类型不断增多，国际化趋势日渐明显。

现代建筑多造型简洁，色彩清新，风格突出，重观赏、重实用、重环保、重生态，强调功能，凸显理性，这样的特点使得现代建筑的植物造景区别以往，有了新的要求与配置特点。

（二）现代建筑对植物造景的要求

现代建筑造型新颖，简洁大方，但难免盲目跟风，审美趋同，过于相似，缺少差异，以致经常会出现在不同城市见到类似建筑的尴尬。为体现地方的差异性，表现不同的环境特色、建筑风格与文化氛围，通常在现代建筑景观的营造与植物配置中注意以下几点。

1. 以人为本

任何建筑都要为人所用，实用是前提，植物造景更不能影响建筑的正常使用功能。因此植物造景须首先了解使用者的类型及其生活和行为的普遍规律，使设计能够真正满足使用者的基本行为感受和需求，即真正实现其为人服务的基本功能。如建筑的正立面植物配置尽量不要影响低层采光，公共建筑入口前的集散场地植物不能过于密集以免影响交通疏导；其次是观赏效果，建筑外环境的植物配置不要影响建筑风貌的展示与观赏，保证视线通畅等。

2. 协调性

现代建筑的美从属于环境，而植物可以很好地协调与营造建筑与环境之间的空间关系，凸显其位置的同时又可使其与外环境过渡自然。因此在植物造景时应充分分析建筑主题风格、场所特质、使用人群与环境要求，利用植物优美的姿态、丰富的色彩、多变的造型与配置手法，形成高低错落、疏密有致的人工植物群落，协调其关系，完善其功能，并通过植物一年四季季相的变化，结合常绿树、阔叶树、彩叶树、花灌木、草坪地被等创造三季有花、四时有景的丰富景观效果。

3. 生态性

现代城市用地紧张，建筑密度大，热岛效应严重，通过建筑周围人工植物群落的营造，可发挥其生态系统的循环和再生功能，维护建筑周围的生态平衡，形成建筑周围的小气候，可有效缓解建筑周围空气干燥、污染严重等现象，促进人的身心健康。

4. 乡土性

植物是有生命的个体，对环境有适应性。在进行植物造景时，要因地制宜地选择当地乡土树种，发挥优势，形成本土特色。同时根据建筑各方位的生态环境的不同合理选择适当的植物种类，使植物本身的生态习性和栽植地点的环境条件相适应，保证造景效果得以实施。

5. 个性

要使建筑具有生命力，使人印象深刻，植物配置要相得益彰，同时又彰显个性，形成特点。每座建筑都有自己不同的功能、历史背景、空间尺度、色彩、符号等，建筑周围的植物造景一定要突出建筑自身的形象特征。通过采用不同的植物配置方式，映衬出不同风格建筑的风采和神韵，表现出其独特的气质和性格，形成韵律，避免千篇一律。

三、欧式风格建筑对植物造景的要求

欧式风格是对西方代表性建筑的一个统称。主要类型包括哥特式建筑、巴洛克式建筑、拜占庭式建筑、古典主义建筑等，以喷泉、罗马柱、雕塑、尖塔、穹顶、八角房等为典型标志。欧式风格强调以华丽的装饰、浓烈的色彩、精美的造型达到雍容华贵的装饰效果，尽显人类工艺技术之强大。欧式风格建筑在长期的发展过程中形成了自己独特的植物造景方式方法，并延续至今，虽然今天的欧式建筑在原有风格的基础上进行了大量的变革，但其植物造景特色依旧，标识性极强。

欧式风格的建筑多以规则式布局为主，讲求轴线与对称。植物造景也多整齐划一，强调人工改造自然，一般多采用雕塑结合群组花坛、剪型绿篱和行列式种植。最常用的植物品种有七叶树、悬铃木、桧柏、花楸、蔷薇、海棠、欧洲白蜡等，造型丰富、耐修剪的树种有圆柏、侧柏、冬青、枸骨等，修剪造型

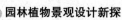

时应和整个建筑的造型相协调，力求简洁大方，通过控制高度与形态烘托建筑主体。同时各种造型的花坛和花池色彩要协调统一，植物根据所需要的造型进行选择。

四、日式风格建筑对植物造景的要求

日式建筑源于中国，崇尚自然与环境协调，不推崇豪华奢侈、金碧辉煌，以淡雅节制、深邃禅意为境界。因受到寺庙园林的影响，多采用歇山顶、深挑檐、架空地板、室外平台等形式，外观轻快洒脱，材料上喜用竹、藤、麻和天然颜色，朴素自然，追求禅意。又因其特殊的地理环境和气候影响，日式建筑强调开窗并讲究空间的流动与分隔，室内外空间的联系与风景互动成为日式建筑与造园空间最大的特点，而枯山水艺术与植物造景是其最典型的代表元素。

日式园林追求细腻、精致、单纯、凝练的特点，在日式庭院植物造景中得以很好展现。多数日本庭园里的植物配置以丛植为主，乔灌草相结合并依附在建筑周围，以远山为背景，庭院里的植被星星点点、郁郁葱葱，常绿树多，花木稀少。日本人对自然资源的珍爱可以从他们对植物材料的选择挖掘中看到，草是经过梳理精心种在石缝中和山石边的，凸显自然生命力的美；树是刻意挑选、修剪过的，如同西方艺术的雕塑般有表情含义，置于园中，可以一当十，容万千景象。成丛的种植往往采取两株一组、三株一组、五株一组等方式，株丛间讲求造型变化又多样统一，追求简单而不繁杂，含蓄而不显露，朴实而不华丽的景观效果。丛植中的各株间距要使人们从任何角度都能看到全丛树木。植株一般不大，但须经过精心的修剪。槭树、银杏、皂荚、竹林、松木、日本榧、吊钟花、冬青等在庭园中都是常见的树种。

第三节　建筑外环境植物景观设计

建筑外环境是指建筑周围或建筑与建筑之间的环境，是以建筑构筑空间的方式界定而形成的特定环境，多为人造景观，包括建筑周围的场地、植物、假山小品、铺地等元素。它是一个过渡空间，从属于建筑，为各种室外活动提供空间和服务，以及呼吸新鲜空气与自然交流的场所。此外，它还具有重要的景观特征。

古今中外，虽然建筑的风格变化迥异，造型多样，但外环境的功能与组成元素却经久未变，建筑与外环境的融合、协调更是所有设计者共同追求的目标。并随着生态城市、生态园林建设的兴起，建筑美与自然美的和谐共生已成为建筑设计成功与否的重要标准。而植物作为建筑与自然之间的纽带，其艺术感染力、意境表现力、有机协调性等作用更是日渐受到人们的重视，已成为建筑外环境风格定位、品质体现、生态修复不可或缺的重要因素。

一、传统园林建筑外环境的植物造景

（一）亭

亭是园林建筑的最基本单元。主要满足人们休憩、停歇、纳凉、避雨、极目眺望之用。在造型上亭小而集中，周围开敞通透，常用的材料有竹木、砖石混凝土、钢材、玻璃、拉膜、塑料等。亭的平面形式很多，常见的有正多边形、圆形、组合式与半亭等，亭顶也有单檐、重檐、攒尖顶、卷棚等之分。亭是园林中重要的点景手段，多布置在水岸边、半山腰、广场上等主要的观景点和视景线上，或作为主体建筑的陪衬，往往成为视觉焦点。亭的外部植物配置主要以树群为背景，四周常用庭荫树以孤植、对植形式为主，形成框景引人入胜或追求古朴的意境。

（二）廊架

廊架是长廊与花架的统称。它是带状的景观通道，以木材、竹材、石材、金属、钢筋混凝土为主要原料，实顶为廊，虚顶为架。廊架可独立存在，也可连接其他单体建筑，具有围合与分割空间、引导游览、组织交通、增加景观层次的作用，是园林建筑的一种重要联系手段。在园林中常作点缀之用，成为环境焦点。廊架还满足人们休憩、观赏与遮阴避雨等需求，因此在植物配置时常以观赏价值高的庭荫植物伴其周围，形成时而开朗时而半围合的空间变化效果，同时结合叶色丰富、花果俱佳的藤本植物进行遮阴处理，满足人们不同的需求。常用的廊架藤本植物包括紫藤、葡萄、蔷薇、常春藤、凌霄等。

（三）水榭

水榭是园林中的非主体建筑，从属于自然空间，主要用于临水观景。《说文》中讲："榭，台有屋也。"是指水榭沿岸形常挑出水面一部分或有平台挑出，所以向水的一面多是开敞空间，靠陆地的一侧可以是闭锁空间。水榭是园林中水岸边重要的点景手段，主要满足人们休憩、游赏的需求，常配有舞台、茶室和休息场所等，临水部分更是设有栏杆、座椅以观景之用。在造型上水榭多与池岸结合，强调水平线条。植物配置强调自然融合，多在周边植柳或季相明显

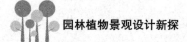
的彩叶树种，形成四季变换、层林尽染的画面效果，临水一侧多结合荷花、睡莲、浮萍、荇菜等水生植物营造唯美意境。

二、现代建筑外环境的植物造景

（一）公共建筑

现代建筑中公共建筑多体量较大，造型别致，风格突出。因此，在对其外环境进行植物造景时多结合建筑主题、个性与功能特点等合理考虑，如城市综合体、展览馆等建筑占地较大、使用人群密集，为体现时代性和满足交通疏导的功能，在景观营造中常结合几何化、极简的布局手法，植物配置也以行列式种植和几何色块结合剪型的方式居多。若建筑前有些活动的设施，或是人群经常停留的空间，则应考虑用大乔木遮阴，还要考虑植物配置的安全性，如枝干上无刺、无过敏性花果、不污染衣物等。

（二）居住建筑

近些年，随着人们生活水平的提高，居住建筑的环境品质日益得到人们的重视，对居住区景观的营造与绿化水平提出了更高的要求。因此，在全国各地高品质的居住区如雨后春笋般拔地而起，发展势头极其迅猛。这些居住建筑依据当地的审美喜好与规划，建筑形式有的以多层、小高层为主，还有的为节约用地提高容积率以高层和超高层为主。但不管以何种形式出现，其植物造景的目标是相同的，即尽量提高居住区内的绿化覆盖率和绿量，改善生态环境，提高生活质量。在配置方法上，考虑建筑行列式布局的特点，依据建筑的不同部位，多以群落式种植为主，点、线、面相结合，强调乔、灌、草、地被、藤本有机搭配的五层绿化模式，力求达到最佳的生态效益；同时通过植物营造开敞、半开敞、私密、半私密的不同户外空间，可满足居民交流和活动的需求，还要兼顾建筑与植物造景的协调统一，风格一致，避免雷同，增加特色。

（三）纪念性建筑

纪念性建筑是现代建筑中较为特殊的一类，多具有思想性、永久性和艺术性。这类建筑多为纪念有功绩的、显赫的人或重大的事件而建，有时也是在有历史特征、自然特征的地方营造的建筑或建筑艺术品。随着纪念性景观的兴起，近几年这类建筑在城市中层出不穷，备受青睐。

传统的纪念性建筑多以石材为主，营造庄重的外观和气氛，植物配置常用白皮松、油松、圆柏、国槐、七叶树、银杏等来象征先烈高尚品格和永垂不朽的精神，也表达了深切的怀念和敬仰。配置形式多在建筑前以列植和对植为主，突出建筑庄严肃穆的特点。

现代纪念性建筑的内涵得到很大拓展，包括标志性景观建筑、祭献建筑、文化遗址建筑、历史景观、宗教性建筑、文化性建筑等。建筑的形式和用材也十分广泛，植物造景更不拘一格，往往根据建筑的特点量体裁衣，因地制宜，把握的原则就是烘托主体，情景相融，风格一致，营造氛围。

三、建筑外环境不同区域的植物造景

（一）南向

建筑南向因采光较好，风力较弱，植物生长条件优越，容易形成小气候，一般多为建筑主视面，同时布置主要出入口。在建筑南向的植物配置中多选择观赏价值高、季相明显的乔灌木相搭配，营造四时有景的景观效果，如玉兰、雪松、碧桃、丁香等都是常用树种。有时考虑突出入口和建筑主体，并满足底层采光需求，视野开阔，还常结合黄杨、小檗、女贞、连翘、榆叶梅、月季等剪型植物、低矮花灌木和草花地被进行配置。

（二）北向

建筑北向较为庇荫，采光很弱，除夏季午后有少许漫射光外，冬日采光稀少，同时风力较大，温度较低，因此常在此处列植耐荫抗风树种，如冷杉、云杉等。但需注意株距，不能影响有限的光照同时要保障安全。若空间开敞，还可以考虑进行群植，这样抵御冬季寒风效果更佳。因大多数植物喜阳，在此生长不良，而耐荫又抗风耐寒树种有限，建筑北向一直为设计中的难点。

（三）东西向

建筑的东向清晨采光，日中减弱，下午庇荫，整日日照强度不大，适合大部分植物及稍耐荫的植物生长，如槭树类、卫矛类、矮紫杉、文冠果、丁香、溲疏、刺玫等；建筑的西向上午庇荫，下午西晒，虽不及南向日照时长，但光照强度大，温度高，宜选择喜光、耐高温的植物品种如银杏、悬铃木、碧桃、海棠、紫叶李、皂荚、合欢、侧柏、凌霄、紫藤等。

（四）墙面

建筑的墙面包括建筑自身的外墙体和建筑外部的围墙两部分，一般都起承重、展示、限定空间的作用。对于建筑自身的外墙体通常在墙面适宜位置进行

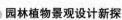

藤本绿化，既可美化墙面又可以隔热保温。常用的植物材料有紫藤、地锦、蔓性月季、葡萄、铁线莲、凌霄、金银花、绿萝等。同时在墙体基部考虑基础种植，完善墙面，遮挡不雅，延伸空间。对于建筑外部的围墙也可以用藤本植物进行覆盖美化，打破单调，同时还可在围墙内外两侧分别进行绿化，形成景深，扩展空间。外侧以桧柏、悬铃木、银杏、五角枫等高大乔木形成有节奏变化的背景，内侧可布置黄杨、小檗、女贞、珍珠梅、绣线菊、刺玫、锦带等剪型植物、绿篱及观赏价值高的花灌木为前景，通过色彩、姿态、形体的变化产生互动，丰富园景。

（五）屋顶

随着绿色建筑、节约型景观的兴起，对建筑屋顶部分的绿化处理日渐受到人们的重视，屋顶花园也越来越多地走入人们的生活和视野。对于建筑屋顶部分的植物造景不仅可以美化环境、开拓新的休闲空间，更重要的是可以为建筑降温隔热、保温增湿、净化空气、改善局部小气候，同时提高绿化覆盖率，丰富建筑的美感。

建筑屋顶因覆土较薄，土质养分有限，且保水、抗寒、抗风能力较差，植物应选择体量轻、根系浅、抗风、抗旱、抗寒，花、叶、果美丽的小乔木、灌木、草花。

（六）门窗

门是建筑的进出通道，是人们必经之处，是建筑重要的节点。建筑门口的植物多为对植，通过姿态、色彩和线条丰富建筑构图、增加生机和活力、软化入口单调的几何线条，扩大视野，增加景深，延伸空间。

窗是最好的取景框。通过窗，可以将室外的场景尽收眼底；通过窗，可以形成很好的框景和画面。因此在窗口植物配置时要考虑室内的观赏效果，既要不影响采光和视线通畅，还要考虑植物长期的生长发育不破坏原有的画面感，以及植物体量增大可能带来的安全隐患。因此应尽可能选择生长缓慢或体型变化小的植物，维持稳定、持续的景观效果。

第四节　建筑小品植物景观设计

园林建筑小品虽不像园林中的主体建筑那样处于景观核心的地位，但却是园林环境中不可缺少的重要组成要素。它像园林中欢快的音符，跳跃在园林之中，衬托着主体景观。如果与其周围植物配置合理、搭配得当，往往具有画龙点睛的作用，能收到意想不到的效果。

建筑小品的植物配置，要根据园林性质、意境、地点、空间、层次等因素综合考虑。首先，要考虑功能和技术，通过植物配置既要完善小品的功能，同时要保证技术合理；其次，要突出小品地位并能烘托其精神内涵，但注意不要喧宾夺主，哗众取宠；最后，要协调建筑小品与外部环境之间的色彩、造型、尺度等方面的关系，使建筑小品更好地融入环境。法无定式，对于建筑小品的植物配置没有统一的标准，依据园林小品的不同功能对其植物配置简单讨论如下。

一、亲水平台

亲水平台是园林中的临水设施。一般从陆地延伸到水面，是能使游人更方便接触所想到达水域的平台。对于公园、居住区、广场、庭院中水位较为稳定的水体，亲水平台尽可能贴近水面，以景观浮桥、水上步道、观景走廊等结合木质栈道、局部汀步，满足人们亲近自然、接触水生动植物、了解水环境的需求，若为江、河、湖、海、湿地等水位有波动的大型水体，亲水平台往往控制在最高水位以上，并注意使用频率且考虑在平台周围设置围栏等以保障安全为先。

亲水平台的主要功能是为游人提供一个驻足和观赏的平台，因此在进行植物配置时以不遮挡视线为先，在其周围可设置耐水湿植物如垂柳等形成岸边与水面的互动。还可以种植季相明显的彩叶植物便于观赏，但注意不可密度过大影响视线。在亲水平台附近的水面可多布置荷花、睡莲等挺水、浮水的水生植物满足人们的亲水欲望，如杭州西湖的花港观鱼；若为自然驳岸还应考虑千屈菜、芦苇、香蒲等湿生植物营造自然野趣，打造返璞归真的自然生活。

二、雕塑

雕塑是为美化城市或用于纪念意义而雕刻塑造，是具有一定寓意、象征或象形的观赏物和纪念物。最早多见于欧洲规则式园林，在中西方的现代园林中作为景观装饰小品也极为常见。依据其用途不同，常见的景观雕塑有纪念性景

观雕塑、主题性景观雕塑、装饰性景观雕塑和陈列性景观雕塑四种类型。它们在园林中往往起到画龙点睛的作用，对于提高环境品质作用显著。雕塑根据园林性质、周围环境、主题性的不同，可以采用不同的体量、造型、材质和色彩。常用的景观雕塑选材有大理石、花岗岩、金属、玻璃钢等。

随着社会的发展，高楼大厦逐渐成了一个城市的标志，景观雕塑也同样具备成为城市标志的可能。景观雕塑的选题十分重要，要力争与环境协调，主题突出，注意发掘那些可以表现文化特色的题材，成为城市特色景观，切勿盲目、随意模仿，如青岛五四广场上"五月的风"红色钢质雕塑红极一时，但类似雕塑随处可见，千篇一律，模仿痕迹严重，大大影响景观效果。

景观雕塑的选址也很重要，广场上、水体旁、草地、疏林地、小路旁、建筑旁等均可以安设。但对于其观赏条件、视觉空间特点、体量大小、尺度研究、植物配置等往往要认真推敲。以保证其在环境中的功能和地位。如处于主导地位的雕塑往往体量较大，位于视觉焦点、场地轴线中间或地形最高处，其周围的植物配置多以剪型绿篱和低矮植物为主，结合种植池和花坛，烘托其主体位置，为引导视线、突出主体，往往在周围很大空间内就控制植物及其他构筑物高度，以突显其造型，植物的色彩也力争与其形成鲜明对比来增加艺术效果。在雕塑的远方多以银杏、雪松、悬铃木等树形较好的高大乔木形成背景来营造优美的天际线。处于辅助和从属地位的雕塑造型小巧、活泼生动，色彩鲜艳，一般位置灵活，尺度亲切，而且以具象形态居多，对于它的植物配置，强调以营造环境氛围和情境为主，配置手法不拘一格，师法自然，可适当考虑将其置于中景，为其布置少许前景和背景，过渡自然，增加空间层次，使人感觉植物、雕塑小品自然协调，浑然一体，切忌植物拥堵，画蛇添足，空间局促。

根据雕塑所表现的主题采用不同植物。纪念性雕塑可用绿地衬托，周围种植匍匐植物如沙地柏；装饰性雕塑配置可以随意一些，花丛、灌丛、小乔木均可。

三、大门

园林中的大门是进入园区的第一处展示空间，既分隔又联系，既是人员集散地又是必经地，是园林中的重要节点，展示性强，位置关键。园林中的入口区域往往独具匠心，构图、造型、色彩、工艺都经过严密设计。特别是大门的造型与体量往往都具有极强的装饰性与造景效果，并通过其周围植物的配置烘托氛围，营造意境。

园门前往往空间开阔，因此植物配置往往侧重空间视野和形成良好的画面感。如在公园入口大门两侧种植体型高大的乔木、尖塔形的常绿树与枝叶开展茂密的阔叶树，延伸视线，扩大空间层次。在庭院入口一侧种植造型别致的小型花灌木或地被，如紫杉、黄杨等，通过其小巧的体型、活泼的姿态和线条形成入口的特色和标识，情景相融，突出品质。

四、景墙

景墙是古典园林与现代景观中都较为常见的小品。园林中的墙有分隔空间、组织导游、衬托景物、装饰美化或遮蔽视线的作用，是园林空间构图的一个重要因素。

景墙的形式不拘一格，功能因需而设，材料丰富多样。除了人们常见的园林中做障景、漏景以及背景的景墙外，近年来，很多城市更是把景墙作为城市文化建设、改善市容市貌的重要方式。如"文化墙"的出现就是将装饰艺术与文化展示良好结合的范例。

传统景墙多存在于山水园林中，基色多为白色，在景墙前置竹、红枫、芭蕉、月季、南天竹或季相变化明显的植物进行基础栽植，利用植物自然的姿态与色彩形成意境生动的立体山水画卷；也可以用藤本植物如紫藤、五叶地锦、凌霄等装饰墙面，增加景观色彩变化；体型较大的景墙前可植大乔木缓解视觉冲突。

现代景墙依据其体量和主题的不同，在园林中的位置也有所不同。较大的景墙如雕塑般可以成为园林中的主体和视觉焦点，较小的景墙则亲切自然、灵活自在，在园林中往往处于从属地位。它们的位置和植物配置也大有不同。位于主体位置的景墙，周围往往要求空间开阔，视线通畅，以铺装和大面积草坪为主，或用低矮剪型植物和花卉烘托与强调其重要性，高大乔木往往成为背景或远景。而处于从属地位的景墙更强调趣味性，一般通过植物的高低错落来增加空间层次，软化景墙的线条。如在其前方丛植小灌木，在其周围和后方种植形态和色彩都有变化的高大植物，有时还结合水景，营造生动自然、活泼有趣的画面感。

五、栏杆

园林中的栏杆既是限定边界、围护和分隔空间、保障游览安全、组织交通的基础设施，同时又具有良好的装饰作用，在园林中的作用不可忽视。一般来说，在园林中要尽量少设栏杆，以免对游览者心理产生负面影响，但出于安全

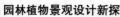

等考虑，在有些区域通常都要设置栏杆，如较深的水体边缘，陡峭的山体、挡墙和台阶一侧等。栏杆在设置时首先要考虑坚固、高度等是否符合规范要求，其次造型、材质、样式要与环境相协调。在植物配置时常以高大乔灌木形成背景，再以低矮的花灌木或剪型植物形成前景，加强景深，缩减栏杆过长所产生的单调感。在栏杆上主要以藤本攀缘植物缠绕装饰，增加生机和活力；或在栏杆外侧植常绿植物或花卉，吸引视线，缓解几何形栏杆的硬线条；也可植大乔木，转移视线焦点。

六、引导牌

引导牌是园林中不可或缺的基础设施之一，分布于园林中的各个角落，它往往设计美观，造型别致，体量较小，材质色彩与环境协调，在园中起到指示和引导路线、介绍景点、展示空间的作用，与其说是引导标识，不如称其为集指示、装饰、照明等功能为一体的建筑小品，在园林中意义重大。要使引导牌与环境自然协调，又能有效发挥展示作用，植物配置尤为关键。展览牌多设在路旁或开阔地，可采用大乔木遮阴；也可以在两侧和周围密植小灌木，构成视觉焦点，突出其形体和色彩。同时，植物体量要与其保持差异，植物枝叶不要遮挡文字和信息。另外，也可以在其周围形成开阔空间，后方进行基础种植为其形成背景，起伏变换的树形为其形成良好的天际线和空间效果，可以很好地凸显引导牌的艺术外观与展示作用。

七、圆椅

园椅在园林中不可或缺。它小而灵活，位置分布广泛，是集休息、游憩、观赏、交流、娱乐为一体的重要公共设施。它可以独立存在，也可以三五成组，还可以结合圆桌、种植池、灯具等其他环境设施。如秦皇岛汤河公园的红飘带就是将多种功能的"红飘带"集于一身，来减少人类对大自然的干预，维持当地生态平衡，当然这其中小坐、休憩的功能更不可少。园椅在园林中分布很广，可以设在道路旁、广场上、建筑旁、水岸边、灌丛中、林缘和林中空地。所用材料、造型和形式多种多样，在不同的风格、时代和环境中也有不同的表现。如传统园林里多用铁艺和石材，而当代园林则更侧重白钢、防腐木及多种材料工艺相结合。同时，在园林中恰当地设置园椅，还可起到加深意境、烘托氛围的作用。如北京前门大街上青灰色的石材座椅采用老北京的传统色彩与图案造型，与环境协调搭配，精致细腻，既可休息，又是景观，很好地展现了老北京的风貌。

园椅要能留住游人，就要做到夏可遮阴、冬不蔽日、可坐可赏、舒适美观，周围的环境、空间的围合就显得尤为重要。心理学调查表明，有所围合和依靠的场所是人比较理想的活动空间，让人更有安全感和停留欲望，就好比没有人喜欢停留在烈日炎炎下的广场中央。因此在设计中常用植物配置营造园椅周围的空间感，如在幽静自然的庭院、公园中，可以在座椅边栽植五角枫、国槐等高大乔木作为庭荫树，形成覆盖空间，营造安静、舒适的休息空间；在开阔的广场上结合树阵设计树池座椅，既可遮阴又便于观赏；还可以篱植小灌木，形成半围合空间，造就安静氛围；周围也可以设花坛，花池与座椅相结合，既丰富景观类型又便于观赏。

八、厕所

园林中的厕所往往造型别致，因其味觉和视觉影响不好，常位于园林中的隐蔽之处，同时还要有所显露以方便使用，因此常常要利用植物进行适当遮挡，还可兼得净化空气的作用。一般的做法是利用植物围合和遮挡住建筑主体，使其只露出局部或引导牌，尽量减小其对环境的影响。

九、灯具

近年来，园灯在景观中的使用越来越普及，它的功能已经由简单照明逐渐演变为造景的一种手段，有单体造景和群组造景。园灯种类繁多，常见的有路灯、景观灯柱、庭院灯、地灯等。为保持其周围有足够的亮度供游人行走及欣赏，所以园灯周围植物不宜过密。但根据其位置、数量、灯具体量、周围空间尺度的不同，其植物配置的方法也有差异。

路灯多体型高大，呈规则式行列布置，其周围的植物配置也多以行列式种植为主，注意株行距有规律的间隔和布置。

景观灯柱体型多变，可大可小，也多以行列式为主，同时强调灯具造型与环境的协调，这时植物多以规则式的乔灌木结合为主，上层可为整齐的乔木行列式种植，下层则多以整形绿篱结合花带进行衬托，注意乔木密度不宜过大，且与灯具间距适宜，绿篱的节奏与灯具保持一致，整体协调，风格统一。

庭院灯可如路灯般规则布置，也可自由地分布于林间与丛中。分布在入口、大型园林中的庭院灯，周围多以规则式的绿篱和低矮植物为主，突出庭院灯的装饰效果，而分布在林间和游步道旁的庭院灯多造型别致，植物配置通常作为背景对其进行烘托。

地灯和草坪灯体量小巧，高度有限，多散置林中，为保持其照明效果及与周围环境的协调统一，往往在周围点缀花卉、低矮灌木或开阔草坪和地被，不宜用巨型叶植物；也可以稀疏地点缀干性较好、自然整枝好、树干下部枝条较少的乔木；园路两侧的地灯周围需植草坪。

第九章　城市道路与园林植物景观设计

城市道路绿化是城市的"骨架"，它像绿色飘带以"线"的形式联系着城市中的"点"和"面"，从而组成城市园林绿地系统。城市道路绿化是城市对外的窗口，是体现城市绿化风貌与景观特色的重要载体，反映着一个城市的生产力发展水平、市民的审美意识、生活习俗、精神面貌、文化修养等，其优劣直接影响到一个城市的景观品质。

城市道路景观具有组织交通、美化街景、调节温度和湿度、降低风速、减少噪声等功能。随着城市的发展和人们对城市环境质量要求的日益提高，城市道路绿化应运用先进的景观设计方法，遵循生态学原理，充分挖掘地域文化特色，为人们创造良好的生活和工作环境。

第一节　城市道路基本知识

一、城市道路分类

按照城市的骨架，大城市将道路分为四级，即快速路、主干路、次干路、支路；中等城市分为三级，即主干路、次干路、支路。

（一）快速路

快速路应为城市中大量、长距离、快速交通服务，在城市交通中起"通"的作用，城市人口 200 万人以上的大城市，城市各区间联系距离超过 30km，行车速度为 70km/h，在机动车道中设置中央隔离带，行车全程或部分采用立体交叉，最少四车道。

（二）主干路

主干路应为连接城市各主要分区的干路，是大中城市道路系统的骨架，联

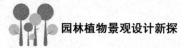

系城市中主要公共活动中心，行车速度为 40～60km/h，行车全程基本为平面交叉，最少四车道。

（三）次干路

次干路是区域性干路，是主干路的辅助交通线，用以沟通主干路和支路，行车速度较低，为 25～40km/h，行车全程为平面交叉，最少二车道。

（四）支路

支路是小区街坊胡同内的道路，是次干路与街坊路的连接线，行车速度为 15～25km/h，全程为平面交叉，可不划分车道。

此外，有些城市还设置有专用道路，如公共汽车专用道路、自行车道路、商业集中地区的步行街等。

二、道路绿化断面布置形式

城市道路绿化断面布置形式是规划设计所用的主要模式，取决于道路横断面的构成。我国目前采用的道路断面形式常见有一板两带式、两板三带式、三板四带式、四板五带式和其他形式。

（一）一板两带式

一板两带式即一条车行道，两条绿化带。这是道路绿化中最常用的一种绿化形式。中间是车行道，在车行道两侧为绿化带，两侧的绿化带中以种植高大的行道树为主。这种形式的优点是，简单整齐、用地经济、管理方便。但当车行道过宽时，行道树的遮阴效果较差，景观相对单调。对车行道没有进行分隔，上下行车辆、机动车辆和非机动车辆混合行驶时，不利于组织交通，所以通常被用于车辆较少的街道或中小城市。

（二）两板三带式

两板三带式即分成单向行驶的两条车行道和两条绿化带，中间用一条分车绿带将上行车道和下行车道进行分隔，构成两板三带式绿带，这种形式对城市面貌有较好的景观效果。

但这种布置依旧不能解决机动车与非机动车争道的矛盾，这种形式适于宽阔道路，绿带数量较大，生态效益显著，也多用于高速公路和入城道路。

（三）三板四带式

两条绿化分隔带将道路分为三块，中间作为机动车行驶的快车道，两侧为非机动车的慢车道，加上人行道上的绿化，呈现出三板四带式的形式。

这种形式是城市道路绿地较理想的布置形式。其绿化量大，夏季蔽荫效果较好，组织交通方便，安全可靠，解决了机动车与非机动车混合行驶复杂的问题，较适用于非机动车流量较大的路段。

（四）四板五带式

在三板四带式的基础上，再用一条绿化带将快车道分为上下行，就成为四板五带式布置。这种形式避免了相向行驶车辆间的相互干扰，有利于提高车速、保障安全。但道路占用的面积会随之增加，因此在用地较为紧张的城市不宜采用。

（五）其他形式

按道路所处的地理位置、环境条件等特点，因地制宜设置绿带，如山坡、水道等的绿化设计。但实际上也是上述几种基本形式的变体或扩大的结果。

三、城市道路绿地植物景观的功能

道路绿化体现了城市绿化风貌，也是城市景观特色的重要载体，主要源于城市居民对道路的环境需求。其功能归纳为以下几点。

（一）提高交通效率，保证交通安全

现代城市的道路大多采用人车分流和快慢车分道的方法来提高通行能力、保障交通安全，而其中绿化隔离带的应用则是其中最有效的措施之一。在城市道路中设置绿带，可以减少相向行驶车辆间的干扰，同时对于夜间行车的人们来讲，避免因对面车灯的炫目造成危险；在机动车与非机动车道间安排绿带，能够解决快慢车混杂的情况；在车行道与人行道之间使用绿带，可以防止行人随意横穿马路。

（二）改善城市环境

道路绿化，不仅提高了交通效率，保证了交通安全，在生态环境、美化市容市貌、凸显城市特点方面也有很大作用。

1. 抗有害气体、减少汽车尾气污染，净化空气

在城市中生活，汽车尾气是困扰城市居民的一大难题。绿色植物被称为"生物过滤器"，在一定浓度范围内，植物对汽车尾气有吸收和净化作用。研究显示：在绿化的道路上距地面 1.5m 处，空气中的含尘量比未绿化地区低

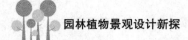

56.7%。有些植物能够吸附烟尘及二氧化硫、氟化氢等有毒气体，极大地改良了城市的空气质量。如悬铃木和臭椿，它们的树冠高大，枝叶繁茂，能抗烟尘污染；紫薇不仅树姿优美，而且对二氧化硫、氟化氢等有毒气体及灰尘有较强的吸附能力；泡桐、夹竹桃有抗烟雾、抗灰尘、抗毒物和净化空气、保护环境的能力，被人们称为"环保卫士"。

2. 降低城市噪声

据调查，环境噪声的70%～80%来自地面交通运输。当噪声超过70dB时，就会使人们产生许多不良症状而有损于身体健康。

研究发现，树下或森林里腐烂了的叶层能起到消声作用，同时，粗大的树干和茂密的树枝，可以消散声音，使部分声音沿着树枝、树干传导到地下被吸收掉。通常高大、枝叶密集的树种隔音效果较好，如雪松、桧柏、龙柏、悬铃木、梧桐、云杉、山核桃、臭椿、樟树、榕树、桂花树、女贞等。

3. 调节城市温度、湿度，改善小气候

夏季，行道树树冠能阻挡阳光，减少辐射热，树冠大、枝叶茂密的树种，遮阳效果明显。据研究测定，夏日有行道树的路面温度比无行道树的路面温度低4℃。树冠的蒸腾作用需要吸收大量的热，使周围的空气冷却，同时提高周围的相对湿度。据测定，树林内的空气湿度比空旷地方的湿度大7%～14%。

（三）美化城市道路景观，彰显城市文化特色

城市文化的特征之一就是地域性，而乡土植物就是反映地域文化特征的要素之一，城市道路绿化采用反映城市所在地域的自然植被地带性物种，能够形成特有的地域风格。如新疆吐鲁番用葡萄棚架装点道路；江南城市以香樟、银杏栽种于道路的两旁；天津用绒毛白蜡作为主干道的行道树；广东用榕树做行道树；椰子树被海南大量应用等。这些城市的道路绿化选择了乡土植物，不仅美化了城市的道路景观，也充分展现出当地的地域风格，彰显了城市的特色。

（四）抗灾、避险功能

道路绿地植物景观具备特有的防护功能，尤其是以种植乔木、灌木为主的绿地能有效地起到防风、防火的作用，大面积的道路植物景观能抗洪防震，起到阻挡洪水和疏散人群的作用，是城市防灾抗灾设施的辅助用地。

第二节　城市道路植物种植设计与营造

城市道路的植物造景指街道两侧、中心环岛、立交桥四周、人行道、分车带、街头绿地等形式的植物种植设计，不仅创造出优美的街道景观，同时还为城市居民提供日常休息的场地，在夏季为街道提供遮阴。

一、城市道路绿地植物造景的原则

植物景观配置中，应遵循统一、调和、均衡、韵律四大基本原则。在城市道路植物造景中则需统筹考虑道路的功能、性质、人性化和车型要求、景观空间构成、立地条件，以及与其他市政公用设施的关系。

（一）保障行车、行人安全的原则

道路植物造景，首先要保障行车及行人的安全，因此需考虑以下三个方面的问题：行车视线要求、行车净空要求、行车防眩要求。

1. 行车视线要求

在道路交叉口视距三角形范围内和弯道内侧的规定范围内种植的树木要不影响驾驶员的视线通透，保持行车视距。在弯道外侧的树木应沿边缘整齐、连续栽植，预告道路线形变化，引导驾驶员行车视线。

2. 行车净空要求

各种道路设计应根据车辆行驶宽度和高度的要求，规定车辆运行的空间，各种植物的枝冠、根系都不能入侵该空间内，以保证行车净空的要求。

3. 行车防眩要求

在中央分车带及道路边侧种植的植物，要能够阻止相向行驶车辆的灯光、周围建筑玻璃幕墙上的反光等照射到驾驶员的眼睛，以免引起目眩。

（二）遵循生态与美化原则

道路绿化植物造景要遵循生态化原则，要尽量保留原有湿地、植被等自然生态景观，运用灵活的植物造景手段，在保证有良好的绿地生态功能，保护已有植被枝繁叶茂、生命力持久的同时，体现较强的景观艺术性，使道路及其周围植物景观不仅具备引导行驶的功能，还兼具景观生态学倡导的对自然的调节功能。

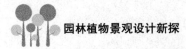

（三）因地制宜与适地适树相结合原则

城市道路的用地范围空间有限，在此范围内除安排机动车道、非机动车道和人行道等必不可少的交通用地外，还需安排许多市政公用设施，道路绿化也需要安排在这个空间里。绿化树木需要一定的地上、地下的环境条件，如得不到满足，树木就不能正常生长发育，甚至会直接影响其形态和树龄，影响道路绿化的作用。因此，应统一规划，合理安排道路绿化与交通、市政等设施的空间位置，充分结合公路沿线原有的地形地貌、周边自然环境资源，选择适宜当地环境的园林植物，进行合理的绿化景观布局。

"适地适树"主要是指绿化要根据本地区气候、栽植地的小气候和地下环境条件选择适于该地生长的树木，以利于树木的正常生长发育，抗御自然灾害，保持较稳定的绿化成果。

（四）近期与远期相结合的原则

道路植物景观从建设开始到形成较好的景观效果往往需要十几年时间，因此要有长远的观点，将近期、远期规划相结合。近期内可以使用生长较快的树种，或者适当密植，以后适时更换、移栽，充分发挥道路绿化的功能。

二、城市道路植物种植设计与植物选择

道路绿化包括行道树绿化、分车带绿化、林荫带绿化和交通岛绿化四个组成部分，为充分体现城市的美观大方，不同的道路或同一条道路的不同地段要各有特色。绿化规划在与周围环境协调的同时，四个组成部分的布局和植物品种的选择应密切配合，做到景色的相对统一。

（一）行道树绿带设计与植物选择

1.行道树绿带设计

（1）行道树绿带种植分类

①树池式。树池的形状有方形和圆形两种。树池盖板由预制混凝土、铸铁、玻璃钢、陶粒等各种材质制成，目前也在树池中栽种阴性地被植物等。

②树带式。在人行道和车行道之间，种植一行大乔木和树篱，若种植带宽度适宜，则可分别植两行或多行乔木和树篱，形成多层次的林带。

（2）行道树的株行距与定干高度

行道树株行距一般根据植物的规格、生长速度、交通和市容的需要而定。一般高大乔木可采用 6 ～ 8m，总的原则是以成年后树冠能形成较好的郁闭效果为准。设计初种植树木规格较小而又需在较短时间内形成遮阳效果时，可缩小株距，一般为 2.5 ～ 3m，等树冠长大后再行间伐，最后定植株距为 5 ～ 6m。小乔木或窄冠型乔木行道树一般采用 4m 的株距。

行道树的定干高度主要考虑交通的需要，结合功能要求、道路性质、树木分级等确定。定干高度一般不低于 3.5m。

（3）行道树配置的基本方式

①单一乔木的种植形式，这是较为传统的种植形式。

②同树木间植，园林中通常将速生树种与慢生树种间植。

③乔、灌木搭配，分为落叶乔木和落叶灌木、落叶乔木与常绿灌木、常绿乔木与常绿灌木搭配三种。

④灌木与花卉的搭配。

⑤林带式种植。

2. 行道树选择的原则

行道树绿带设置在人行道和车行道之间，以种植行道树为主。主要功能是为行人和车辆遮阴，减少机动车尾气对行人的危害。行道树选择应遵循以下原则。

①应选择适应当地气候、土壤环境的树种，以乡土树种为主。

乡土树种是经过漫长的时间，适应当地气候、土壤条件，自然选择的结果。

第一，华北地区可选用国槐、臭椿、栾树、旱柳、垂柳、银杏、悬铃木、合欢、刺槐、毛白杨、榆树、泡桐、油松等。

第二，华中地区可选用香樟、悬铃木、黄山栾、玉兰、广玉兰、枫香、枫杨、鹅掌楸、梧桐、枇杷、榉树、水杉等。

第三，华南地区可选用椰子、榕属、木棉、台湾相思、凤凰木、大王椰子、桉属、银桦、木菠萝等。

②优先选择市树、市花，彰显城市的地域特色。

市花、市树是一个城市文化特色、地域特色的体现，如北京老城区的古槐树；天津的绒毛白蜡；成都的银杏等，无不体现城市的地域特色。

③选择花果无毒无臭味、无刺、无飞絮、落果少的树种。

银杏作为行道树应选择雄株，以免果实污染行人衣物；垂柳、旱柳、毛白杨也应选择雄株，避免大量飞絮产生。

④选择树干通直、寿命长、树冠大、荫浓且叶色富于季相变化的树种。

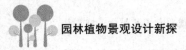

（二）分车带设计与植物选择

分车带是车行道之间的隔离带，起着疏导交通和安全隔离的作用，保证不同速度的车辆能全速行驶。

目前，我国分车带按照绿带宽度分为 1.0m 以下、1.0～3.0m 和 3.0m 以上三种。隔离带的宽度是决定绿化形式的主要因素。

分车带植物景观是道路绿带景观的重要组成部分，种植设计应从保证交通安全和美观角度出发，综合分析路形、交通情况、立地条件，创造出富有特色的道路景观。

分车带植物配置形式如下。

①绿带宽度 1.0m 以下：以种植地被植物、绿篱或小灌木为主，不宜种植大乔木。

②绿带宽度 1.0～3.0m：可根据具体的路况条件，选择小乔木、灌木、花卉、地被植物组成的复合式小景观，乔木不宜过大，以免影响行车视线。这种形式绿化效果较为明显，绿量大，色彩丰富，高度也有变化，缺点是修剪管理工作量大，管理不到位，会影响司机视线。

③绿带宽度 3.0m 以上：可采用落叶乔木、灌木、常绿树、绿篱、花卉、地被植物和草坪相互搭配的种植形式，注重色彩的应用，形成良好的景观效果。这是一种应大力提倡的绿化带种植形式，绿量最大，环境效益最为明显。特别适合宽阔的城市道路，城市新区、开发区新修的道路多见采用。

（三）路侧绿地设计

路侧绿地主要包括步行道绿带及建筑基础绿带。由于绿带的宽度不一，因此植物配置各异。步行道绿带在植物造景上，应以营造丰富的景观为宜，使行人在步行道中感受道路的绿化舒适。在植物选择上，应选择乔木、灌木、花卉地被植物相结合的方式来做景观规划设计。

路侧绿带与建筑关系密切，当建筑立面景观不雅观时，可用植物遮挡，路侧绿带可采用乔木、灌木、花卉、地被、草坪形成立体的花境，在设计时要保持绿带的连续、完整和统一。

当路侧绿带濒临江、河、湖、海等水体时，应结合水面与岸线地形设计成滨水绿带，在道路和水面之间留出透景线。

（四）交叉口绿化设计与植物选择

1. 中心岛

中心岛绿化是交通绿化的一种特殊形式，主要起疏导与指挥交通的作用，是为回车、控制车流行驶路线、约束车道、限制车速而设置在道路交叉口的岛屿状构造物。

中心岛是不许游人进入的观赏绿地，设计时要考虑到方便驾驶车辆的司机准确、快速识别路口，又要避免影响视线，因此不宜选择高大的乔木，也不宜选用过于华丽、鲜艳的花卉，以免分散驾驶员的注意力。通常，绿篱、草地、低矮灌木是较合适的选择，有时结合雕塑构筑物等布置。

2. 立体交叉绿地

立体交叉是为了使两条道路上的车流可互不干扰，保持行车快速、安全的措施。目前，我国立体交叉形式有城市主干道与主干道的交叉、快速路与快速路的交叉、高速公路与城市道路的交叉等。

随着城市的发展，城市立交桥的增多，对立体交叉绿化应尤为重视。立体交叉植物景观设计应服从立体交叉的交通功能，使行车视线畅通，保证行车安全。设计要与周围的环境相协调，可采用宿根花卉、地被植物、低矮的彩色灌木、草坪形成大色块景观效果并与立交桥的宏伟大气相协调，桥下宜选择耐荫的植物，墙面可采用垂直绿化。

第三节　高速公路的植物景观设计

高速公路是一种专供汽车高速、安全、顺畅行驶的现代化类型公路。在公路上由于采用了限制出入、分隔行驶、汽车专用、全部立交以及高标准的交通设施等措施，从而为汽车快速、安全、舒适、连续地行驶提供了必要的保证。高速公路具备以下特点：有 4 个以上的车道，在道路的中央设有隔离带，双向分隔行驶，全封闭，道路两旁设有防护栏，严禁产生横向干扰，完全控制出入口，并且全部采用立体交叉。除此之外，还设有专用的自动化交通监控系统和必要的沿线服务设施等。

高速公路为城市及地区之间提供了有效、快捷的交通，进一步发展了地区经济，它在传递信息、促进文明、加速物资生产流通、发展市场经济、改善投资环境、促进旅游事业和边远地区文教卫生事业发展等方面起着重要作用。但同时，高速公路也给环境造成了严重的破坏，它破坏原始岩土及沿线植被，加

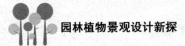

剧水土流失，危及野生动物栖憩活动，给环境带来声、光、气等方面的污染。

一、高速公路绿化功能

（一）美化景观，缓解疲劳

高速公路的中央分隔带和路边林带，通过植物在种类、色彩、质感、形式等方面的合理变化配置，可以减轻司机高速行驶的压力、缓解驾驶疲劳，提高驾驶者的注意力，避免漫长旅途中视觉的单调枯燥，从而减少交通事故，提高行车安全。

（二）防眩光，引导视线

中央分隔带具有阻挡会车时灯光对人眼的刺激，即起到防眩作用，保证司机视线畅通。在弯道及出口处，植物对司机起着引导、指示等作用。

（三）生态修复功能

高速公路的建设给沿线的地貌及植被带来了很大的破坏，通过合理科学的景观设计，尽量恢复路域范围内原有的植被群落和景观，使之能与周围自然环境有机地融为一体，为各种生物提供栖息地。

（四）调节路面温湿度

高速公路绿地内的植被对调节沿线大气微环境有明显的生态作用，可以降低周围温度、增加湿度，这样使得路面的温度和湿度得以调节，避免了高温干燥及温湿度的急剧变化对路面的破坏性影响。

（五）保持水土，稳定路基

在有大量的土石方工程的地段，通过护坡绿化，选择抗逆性强，具有耐干旱、耐瘠薄、抗寒、抗污染等特性的植物，防止了坡表面的水土流失，加固稳定了路基。

（六）降低污染，减少负面影响

高速公路绿地内的植物对改善路域环境起着相当重要的作用，两侧林带及分隔带上的绿色植物可以阻挡和吸收行车所产生的噪声、粉尘和有害气体，缓解大量的交通给环境带来的压力并减小对沿路居民的危害和影响。

二、高速公路植物造景原则

（一）安全性原则

安全性是高速公路景观设计的基础与前提。在高速公路景观设计时，要充分考虑视觉空间大小、道路的线形变化、安全设施的色彩及尺度，以及视觉导向、视觉连续性等交通心理因素与行车安全的关系，以便消除司乘人员在行车时所产生的心理压抑感、威胁感及视觉上的遮挡、眩光等视觉障碍；形成有韵律感、线性连续流畅、开敞型的空间，实现行车的安全舒适。

（二）美观性原则

高速公路的景观设计需充分考虑景观的美学功能。宏观上，这种特性由周边环境的地形、植被、土地使用状况等客观因素决定，它们从形体、线条、色彩和质地等外部信息上给人以美的享受；而从道路内部景观来看，景观元素的美学特征包括：合适的空间尺度，有序而整齐划一，多样性和变化性、清洁性、安静性，生命活力和土地应用潜力等。

（三）生态性原则

高速公路的建设对当地的地形、地貌、土壤、植被破坏是非常严重的，景观设计时应以"尊重自然、保护自然、恢复自然"为原则，尽量减少裸露岩石和挖方岩石，充分利用当地的自然植被和植物种类。以大环境绿化为依托，与大环境相融合，最大限度保持和维护当地的生态景观。

（四）地域性原则

景观设计时应充分地挖掘当地的地域文化特征，创造出具有地域性的道路景观。体现当地特色，首选乡土树种，也可合理地引用外来树种，借鉴自然植被类型的特征，合理进行植物搭配。

三、高速公路植物造景

高速公路植物种植设计主要包括：中央分隔带绿化、边坡及预留地林带绿化、互通立交区绿化、服务区绿化。

（一）中央分隔带景观设计

中央分隔带设在两条对行的车道之间，具有分隔对向行车、防止对向车辆碰撞，减轻夜间车灯眩光，引导司机视线等作用。在欧美发达国家，高速公路中央分隔带的宽度大于 12m，在我国中央分隔带的宽度为 2～3m，由于高速公路中央分隔带宽度窄、土层浅等特殊的立地条件。不宜选择乔木，同时乔木的枝条及树冠投射到路面上的树荫会影响驾驶人员的视觉，影响行驶安全。

中央分隔带绿化景观一般以防眩光的常绿灌木规则种植，配以底层地被为主。基本形式有整形式、树篱式、图案式、平植式等。

1. 整形式

用同一种树木按照一定的株距排列，下层根据景观需要配以不同的灌木及地被。目前，整形式是我国应用最为普遍的种植形式。缺点是，给人单调乏味的感觉，容易产生驾驶疲劳。

2. 树篱式

树篱式用植物形成连续的树篱，下层用花灌木或色叶灌木形成满铺，优点是遮光效果好，对撞击隔离栏的车辆有很强的缓冲能力，可减轻车体与驾驶人员的损伤。缺点与整形式相似，同样具有视觉上单调呆板的缺陷，而且对树木数需求量大。

3. 图案式

将灌木或绿篱修剪成几何图形，在平面和立面上适当变化，形成优美的景观绿化效果。缺点是遮光效果不佳，容易分散司机的注意力，增加了日常的养护管理工作量。

4. 平植式

当中央分隔带较窄时或在管理受限的路段，可以用植物满铺密植，并修剪成形。优点是可以减少养护管理工作量，常见于中央分隔带的开口处。

（二）边坡景观设计

边坡主要指在路堑、路堤段填挖方的倾斜部分，它是高速公路重要的组成部分。边坡绿化在保护路基和坡面的稳定性、防止落石影响行车安全、减少水土流失、美化沿线景观、恢复植被等方面有着重要的意义。

边坡一般从土方工程上分为挖方边坡和填方边坡，按照其构造不同可分为土质边坡、石质边坡、土石混合边坡，按边坡防护方式的不同可分为工程防护边坡、植物防护边坡及工程防护和植物防护相结合的边坡。

1. 壤土型边坡

边坡主要由壤土构成，边坡绿化的主要目的是固土护坡。有对于工程防护面积小的坡面，如单、双衬砌拱，浆砌片石网格及粘包坡等护坡，也有对于工程防护面积较大的坡面，如六角空心块护坡。绿化方式有草坪地被结合护坡、地被覆盖护坡、草灌结合护坡、灌木林护坡、藤本覆盖护坡。

2. 岩石型边坡

边坡多出现于桥梁、通道附近或土壤条件恶劣、坡度较大的路段，采用浆砌片石满铺，常用垂直绿化的形式，坡脚种植藤本植物，使其沿坡面爬，以达到软化岩石坡面的目的。种植方法：在坡角设置种植槽，槽坑内换上肥沃的沙壤土和基肥，坡顶与坡脚同时种植，尽快达到铺满坡面的绿化效果。

3. 土石混合型边坡

这种边坡由砂、石、土混杂构成，可用拱形、矩形、菱形网格形或"人"字形等浆砌片石骨架，并在骨架内植草或加三维网植草。

（三）立交区景观设计

互通立交是高速公路整体结构中的重要节点，也是与其他道路交叉行驶时的出入口。它是高速公路景观设计中场地最大、立地条件最好、景观设置可塑性最强的部位。景观设计时要尽可能与原有的地貌特征相吻合，能够反映地方特色，突出文化内涵。

目前，我国立交区景观设计有以下两种形式。

规则式：利用植物的色彩及整齐的树形构造景观，运用大手笔，大色块的欧式模块栽植，给人一种磅礴和大气之感，这种形式较普遍。

自然式：利用原有的树木、溪流、湿地、岩石和地域文化，应用乔木、灌木以及地被植物合理搭配，应用植物组景的高低错落、点线面交互穿插、不同的色彩和季相变化营造绿色景观，富有地方特色。

（四）服务区景观设计

服务区是为高速公路上行驶人员提供休息、餐饮及加油、机械维修的场所，其主要功能是满足司乘人员休闲、休息、缓解疲劳的需求，景观设计应以静态景观设计为主，运用丛植种植形式，多选择香花、观花树种进行配植，使整体环境舒适宜人、轻松活泼，达到良好的休闲目的。

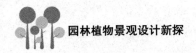

第四节 城市道路及高速公路的植物景观设计案例分析

一、概况

天津津滨大道绿地景观改造提升工程范围以中环线东风桥站为起点，经东兴桥、津昆桥、津滨桥，向东直至津滨高速收费站，全长约 10.4km。规划景观改造的绿地范围包括道路两侧规划宽度为 30m 的绿地、中央分隔带、立交桥桥区绿地等，规划改造绿地总面积约 96 万平方米。津滨大道是天津的东大门，是重要的景观道路，通过设计反映天津滨海城市的风情和国际大都市的气魄。

二、设计构思

①以绿色为基调，以舒缓自然为设计目标，运用现代园林的大手笔，形成简洁、壮观、流畅、舒展的景观格局，创造有规律、有变化，富有线形美和节奏变化的动态画卷。使之成为一条集景观、交通、生态功能于一体的综合性城市景观走廊。

②结合水系、河道和画龙点睛的小品体现天津滨海城市的特点，隐喻天津是"天子经由之渡口"的历史和"九河下梢"的地理位置。

③利用不同树种的形态特征，通过运用高低、姿态、叶形叶色、花形花色的对比手法，采用细腻的模纹图案景观，通过树种组合表现植物配置的群体美，营造津滨大道特有的树木、花卉景观展示园地。

三、具体设计

（一）中央分隔带

设计以细腻的模纹图案景观形式为主，加入流畅的曲线组，曲线系与直线系的应用形成富有动感的空间，使行人和车辆感到空间的流动与跳跃，极具现代感。中央分隔带每隔 30m 运用市花与不同季节彩叶、开花的灌木和树冠优美的乔木配合形成色彩对比强烈的生态景观，如雪松、金枝槐、金叶槐、旱柳、紫薇、银杏、紫叶桃、月季、美人蕉、萱草、千屈菜等适生天津的花卉，不仅丰富了结构层次，又营造了天津市民喜闻乐见的"桃红柳绿"的水畔景观。"古木交柯""松竹听风""沁芳花坞"等景点的设计运用传统造园手法，采取松、竹与景石搭配的方式，把生态造景与大众广泛接受的审美情趣相融合，营造苍松翠竹、古树青石的古典园林意境，成为津滨大道标志性的景观。

（二）道路两侧绿地

道路两侧绿化带重点体现植物的空间层次，开合变化，疏密有致的"城市森林"效果，同时兼顾风格统一，体现多姿多彩的大道风情。运用各具特色的花灌木、地被与大量乔木组合成绚丽斑斓的植物组团，营造出"人行树荫下，花草随行间"的绿化景观。两侧绿地宽度 30m，外侧以折线形的模纹组合形成基线，相错种植国槐、悬铃木、绒毛白蜡，并点缀龙柏、紫薇、石榴等常绿树种和花灌木，形成有开有合、大小不同的空间，起到展示城市生态面貌的窗口作用。

第十章　公园绿地与园林植物景观设计

公园绿地为现代城市居民提供了游憩、娱乐的场所和优美的文化生活空间。公园绿地中植物的色、香、味、形丰富多彩，在改善城市生态环境、调节净化空气的同时，又把大自然的植物美融入城市人文生活当中，形成城市中的"绿洲"。公园绿地植物造景的配置应遵循调查与分析的手法，探讨如何为公园绿地营造优美的植物景观，如何运用艺术手法配置和表现植物景观。

公园绿地植物造景是城市景观设计中科学性与艺术性两个方面的结合与高度统一，既要满足园林植物与环境在生态适应性上的统一，又要通过艺术构图原理体现出园林植物个体及群体的形式美及人们在欣赏时所产生的意境美。

造景植物种类应根据不同的园林植物及其不同的生长习性和形态特征进行选择。植物配置时，要因地制宜，因时制宜，首选乡土树种，优化选择适合区域内生长的特色树种，尽可能使园林植物正常生长，充分发挥其观赏特性。

第一节　综合性公园植物景观设计

一、综合性公园植物造景的特点与种植原则

综合性公园是城市绿地系统的重要组成部分，也是城市环境建设的主体。植物性景观元素在综合性公园景观体系中具有主导性。

（一）造景特点

①景观用地规模较大，植物元素多元化并存。

②人流量大，植物观赏性强。

③多功能空间分割较多，乔木、灌木、花草搭配表现复杂，形式多样。

④植物景观与其他景观要素相互搭配结合，在公园环境中占据主导地位。

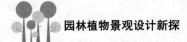

（二）种植原则

1. 还原自然生长环境的原则

尽可能模仿植物自然生长习性，根据植物习性和自然界植物群落形成的规律，还原自然界植物群落的生长形态，使植物造景兼具自然美与艺术美。

2. 植物多样性搭配、统一性原则

在植物种类组织设计时，植物造景应注重体现植物的多样性特色，相互组合配置，形成景色各异的植物组景，注意植物搭配要丰富而不杂乱，避免一味追求植物数量而忽略了比例的协调，要体现主题，尽可能多地运用观赏性强的植物种类，同时还要展现植物造景的韵律美与形式美。

3. 坚持生态性、适地适树原则

植物造景时应合理搭配各植物群落之间的关系，充分考虑植物生长的生态特征，最大化利用特色植物的观赏形态，充分发挥乡土树种生长优势，适当引种外来树种，合理组合，形成观景效果稳定而又具有人文美感的景观场景。

4. 原生态与艺术性结合的原则

植物造景配置应避免单纯的绿色植物的堆积，很多景观设计人员认为生态就是植物越多越好，认为单纯地还原植物原生地的生长特征，纯粹的粗放栽植，就叫生态，其实不然，生态与艺术的结合不是简单地栽植，而是要经过艺术与设计的推敲，得出合理造景手法，在此基础上进行植物的种植，使植物景观源于自然、还原自然而又高于自然。

二、综合性公园植物造景的类型

在综合性公园里，植物元素景观形式在整个园区范围内占有相当大的比例，与其他景观元素共同构成公园景观主体。植物造景设计时要注意植物种类及数量的选择与控制，主次分明，突出主景植物造景的特色和风格。

总体来说，植物造景就是合理组合乔木、灌木、藤本、花卉及草本植物来营造植物景观，利用植物本身的外观形态，结合植物独有的色彩、季相变化等自然美，创造极具植物美的空间环境，为游人提供游览观赏的场所。在西式园林，如法国凡尔赛宫花园、意大利埃斯特庄园、美国加州德斯康索花园、英国霍华德庄园、德国杜伊斯堡风景公园等各国的园林中，植物造景多半是规则式的，给游人庄严、肃穆、安静的感觉。规则式植物造景的植物多被整形修剪成各种几何形体及动物造型，应用人的精神与视觉审美，打破植物自身生长下的形态特征，仿造自然界的各种形态，展现植物造景的另一种美的形态。在总体设计上，规则式植物造景的造型植物多修剪成又高又厚的绿色植物墙；水池两侧修剪成圆柱形或方体；道路的平行线上种植冠型整齐的高大乔木；草地上铺设各种模纹的造型图案。另一种则是自然式的植物景观，如北京的颐和园、上海的豫园、广州的余荫山房、苏州的拙政园等都是模拟自然的林地、山川、江河水系景观，甚至是农村的田园风光，结合原有的地形、水体、道路来组织创造植物景观的。自然式植物造景尽可能还原生态自然的植物景观特色，创造优美舒适的生活环境，营造更加适合于人类生存所要求的生态环境。

在造景形式上，综合性公园植物多以规则式与自然式并存。

①规则式植物多分布在主轴线、广场、道路等地方，造景手法以造型灌木、绿篱及观花小乔木或大乔木组合为主。花灌木有时候会组合成模纹图案分布在比较开阔的位置，大乔木多以行列或阵列的形式排布种植，空间序列上以对称式为主，树木多被整形修剪。

②自然式植物造景的线形多采用弯曲的弧线形，依据地形高差的变化、水系驳岸曲折的自然形态而进行植物搭配，形成接近自然的生长形态，更好地表现出植物在自然状态下生长的生态特色。植物搭配应做到疏密有致、高低错落，孤植、丛植、散植、片植多形式组合，色叶植物与绿色植物相互映衬，做到"意在山水，置身自然"。

三、综合性公园植物造景设计的功能特征

在公园绿地系统中，植物造景分布在不同的功能区域，造景手法与植物种类也会因此有所差别，进而表现出不同的景观特色。

（一）引导作用

综合性公园植物造景多以常绿或高大乔木为主，分布于道路两侧及广场周边，树种相对单一、整齐；树种具有分支点较高、通透性好等特点。

道路绿化多选择景观性强、观赏价值高的植物，合理配置。各路段绿带的植物配置相互配合，一道一树，注意道路绿化层次变化，充分表现出道路绿化的标志性与绿化的隔离防护功能。公园里道路绿化的主景树多选择树形高大、枝冠丰满的乔木，底部种植绿篱、草坪，还可以栽种各种花卉，如鸢尾、麦冬、迎春、月季等观花类植物，形成有节奏与韵律的景观。分车绿带的植物配置应形式简洁、树形整齐、排列一致。

广场绿地布置和植物配置要考虑广场功能类别、规模及空间尺度。广场植

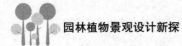

物造景具有很强的装饰性，应充分考虑植物与广场环境的关系，多采用病虫害少、无异味、无絮的植物。绿篱、花坛应选用色叶、花、植株整齐一致的植物，植物造景应配置合理、主题突出、具有艺术性。

（二）生态功能

美化功能是植物景观的最主要功能，通过植物自身的色、香、形来表现植物的景观特色。同时植物还具有科普功能，不同的植物种类因不同的生长习性，造景时多以群落的形式存在，可以把同类植物设计在一个范围内，形成特有的植物群落特色。植物造景又具有围合性，在营造私密与半私密空间中，植物种类的选择多以常绿树种为主，也可以搭配竹类、攀爬类植物形成优雅安静的活动空间。

（三）园林特性

公园植物造景具有不同的园林特性，植物具有很强的视觉感，可以让游客触景生情，不同区域的植物设置均有不同的思想表达，所传达的对美的感受也是不同的。例如，儿童区及娱乐活动区相对开敞，植物选择上多为落叶乔木和观花乔木为主，搭配以灌木，乔木要选择无刺、无毒、无异味的种类，要求树干挺拔，分支点较高，视野通透；花卉要选择色泽艳丽的种类；灌木可以修剪成动物的造型，以增加趣味性；同时要有供儿童嬉戏玩耍的开敞草坪。老年区及学习区较安静，植物种类以高大乔木、常绿树种为主，形成较为安静的半私密空间。公园绿地植物组合要求植物与建筑、景观小品、假山置石、水体、硬质铺装等有机组合，形成完整的公园景观系统。

四、综合性公园植物造景设计的手法

综合性公园植物造景运用艺术表现的手法进行设计，充分利用自然界不同植物种类的不同特征，从景观平面、立面、竖向进行全方位的艺术构思与对比，最大化表现植物造景的自然美。下面主要以广州云台花园为例，来说明如何在植物搭配上从造型、色叶、花果、体态、比例等方面入手进行植物造景。地处白云山三台岭的云台花园是以世界著名花园加拿大的布查特花园为蓝本，于1993年筹建的，是全国最大的中西合璧园林式花园，也是一处综合性很强的城市公园。花园有谊园、玻璃温室、醉华苑、岩石园、太阳广场、欧陆风情与东方园林等几大功能分区。

（一）自然式植物造景

云台花园是一个以欣赏四季珍贵花木为主的大型花园，是目前我国最大的园林式花园。自然式造景手法在云台花园中应用广泛，组景随处可见。自然式的植物造景配置手法多选冠形饱满、枝干劲俊、姿态优美的乔木，及不同种类的观花、观叶植物，以艺术的构思、技巧进行种植配置。常见的造景配置手法有孤植、丛植、群植、片植几种。

（二）规则式植物造景

1. 对植与列植

植物造景形式中，对植与列植是公园植物造景的重要形式，要求株距、行距基本一致，对植物的冠型、枝干生长密度以及造型也有特定要求。对植与列植的种植形式多用在公园入口、规则式道路、广场周边或围墙边沿。景观轴线上多为对称式分布。

云台花园园区规则式植物造景的植物以高大乔木、常绿乔木为主，搭配其他植物种类。多选用枝叶茂密、耐修剪、萌蘖迅速的灌木进行搭配，灌木常根据景观效果的需要修剪成球体、方体、流线型等形状。

2. 几何形栽植、图案栽植

在几何形栽植、图案栽植中，植物造型多以花灌木栽植为主，间植乔木。几何形栽植一般要求对称式栽植，植物颜色根据设计要求有变化。图案栽植多采用具有历史文化及民族特色的纹样，应用不同颜色的灌木进行搭配，如黄色系的金叶女贞、金叶莸；红色系的紫叶矮樱、红叶小檗；绿色系的龙柏、女贞、黄杨、卫矛等。在植物造型修剪时应注意高度与宽度的变化。

植物造景应注意营造人与植物的亲近感，协调游人游览、欣赏之间的关系；注意植物的季相变化带给人的自然美与视觉美；在设计构图时还要合理安排不同植物类别的高低次序、落叶与常绿、色彩搭配及自然式形态和人为造型的关系。

五、综合性公园植物的季相性

在公园植物造景时体现植物四季的季相是造景设计的重要环节，应依据不同植物种类及不同植物季相特色进行合理植物搭配。

植物季相是植物景观的重点表现内容。植物在一年四季的生长过程中，花、叶、果实、枝干的色彩都会随季节的变化而变化，表现出不同的季相特色。从生长习性上讲植物分为常绿与落叶两大类；从观景角度上讲分为色叶、观花、赏果及树形几类。在造景设计过程中，应充分考虑植物种类搭配，做到科学种植与艺术设计相结合、绿化与美化相协调的原则。如北京的香山红叶、日本的樱花、荷兰的郁金香、美国的红槲都具有典型的季相特征。

我们应该注意的是在不同的气候带，即使是同一种植物，季相表现的时间也会不同，所体现的景观特色也不一样。即使在同一地区，受当年具体气候的影响，也会使季相出现的时间和色彩不尽相同。另外，温度、湿度也会影响植物本身的季相变化，所以进行植物造景设计要充分考虑地区之间的差异性，尽量最大化地表现出某类造景植物在特定地区所展现的季相美感。南方热带亚热带地区，常年温湿，适合各类植物生长，在季相表现上主要以花、果、树形为主，而北方地区，四季变化鲜明，花、叶、果、枝干都有明显的季节景观性。

植物造景应利用有较高观赏价值和鲜明特色的季相植物进行配置，增强人们对植物季节变化的感触，表现出园林景观中植物特有的艺术效果。植物造景应寻求各类植物四季季相特色变化，在规定的区域突出植物季节交替的变化，运用丛植或者片植的办法，表现植物季相演变及其独特的形态、色彩、意境。如春天观赏玉兰、海棠、牡丹、春梅、桃花；夏天则感受大树的浓荫清凉；秋天欣赏各种颜色的树叶，如火炬树、黄栌、马褂木、栾树、枫香、鸡爪槭；冬天则享受踏雪寻梅的美景。有的植物常年绿色，如松柏类、棕榈类、竹类植物；有的植物一年只有一到两季是最美的，如牡丹、芍药、西府海棠、蜡梅等；还有的植物每个季节都可以观赏它自身美景的变化，如火棘、玉兰、银杏、紫薇、梧桐等。常绿植物有独特的绿叶之美，落叶植物有自己的树形之美，因此为了避免季相单一现象，我们应该将不同季相的树木与常绿植物和花草混合配置，使得一年四季都可以欣赏植物的特色。

第二节　纪念性公园植物景观设计

一、纪念性公园植物造景的性质

纪念性公园具有特殊的地位，有一定的教育意义。纪念性公园多以具有特殊意义的人物、事件等为背景而专门建设，所以植物造景给游客的视觉感受相对比较严谨、肃穆、规整，以常绿、松柏类植物为主。

二、纪念性公园植物造景的手法

植物造景在纪念性公园中具有重要作用及特殊意义，它是构成纪念性公园的重要景观元素。纪念性公园可以通过不同的植物造景形式营造特定的景观环境。

（一）拟人化造景手法

植物有象征性作用，在纪念性公园的植物配置中，人们往往将不同植物种类搭配在一起，以植物的生命力来表达特殊的情感。例如，松柏类可以代表生命的延续，万古长青；蜡梅、竹林代表坚韧、清秀；色叶类的银杏、枫树象征永恒、眷恋，能够引发人们内心深处的思念等情怀。

（二）植物的空间建造与意境表达

在纪念性公园中，不同植物元素具有不同的表现作用，不同区域的植物造景手法与植物种类的选择有一定的关系，对总体布局和空间的形成进行序列分割。常绿、高大乔木多在纪念性公园的中心位置，形成景观中心衬托主体建筑。而在公园的园林区和边界，植物搭配多采用组合式、自由式造景手法，给人以舒适、自由的感觉。

纪念性公园中常将植物拟人化，利用植物特有的形态和色彩烘托公园的主题和意境，通过设计手法进行植物造景以塑造纪念性氛围，展现纪念性情感，激发游人内心情感的向往。

三、纪念性公园植物造景设计

纪念性公园总体规划具有明显的轴线，在竖向设计上依据纪念性公园的特性会专门有高差处理。植物种植多以规则式与自由式相结合。

（一）出入口

纪念性公园的大门植物造景一般采用阵列式对称的种植方式，多选用植株茂密、树形整齐的常绿高大乔木做背景，配以灌木、草坪，给人以肃穆、庄严的气氛，突出纪念性公园的特殊性。纪念公园出入口一般连接公园主题建筑，两者在同一景观轴线上，因此，植物种植在注意整齐、统一的基调的前提下，还要注意乔木的高度，要凸显出主题纪念雕塑或建筑，衬托纪念人或事件的地位。

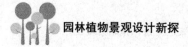

（二）纪念区

在布局上，纪念区常以规则的平台式建筑为主，纪念碑或主体性建筑一般位于广场的几何中心，因此，在造景种植上应与主体建筑相协调，在配置设计上，主体建筑周围以草坪花卉为主，适当种植具有规则形状的常绿树种，衬托出纪念性公园中心主体的严肃、高大、雄伟之感。

（三）园林区

纪念性公园有激发人们的思想感情，瞻仰、凭吊、开展纪念性活动的功能，同时作为城市公园绿地的一种，还具有供游人游览、休憩、学习和观赏的作用。因此，园林区一般与纪念区有效分割开来。在园林区，植物配置应结合地形条件，按自然式布局，如一些树丛、灌木丛是最常用的自然式种植方式。另外，在进行园林区造景设计时在植物种类的选择上应注意与纪念区有所区别，可结合景石、亭廊、雕塑小品等，营造自由轻松的景观空间。

四、植物造景搭配的表达

纪念性公园的植物选择可根据功能区的性质进行配置，如选择种植松柏类为基调树种并结合树形挺拔的高大乔木以象征伟人的高尚精神品质永垂不朽；带有造型的植物多列植在公园中心干道或纪念馆周边来体现庄重肃穆的纪念性氛围；适当种植色叶、素色观花类植物营造庄严、肃穆、静雅的意境。通过拟人意境的表达，把植物的花开叶落，季相变化赋予生命及信仰的传承。

纪念公园植物造景需注意植物种类的选择，做到景观层次分明、丰富。纪念公园多是开放式空间，出入口多，考虑植物的通透性，整个公园的植物要服从于纪念性的特点，以纪念中心为主体，有重点、有特色地进行设计，形成完整的公园植物景观系统。

第三节　植物园的植物景观设计

一、植物园功能设置

植物园植物种类繁多，景观构成复杂，植物种类的搭配要求相对严格，具有较强的科普性与展示性。

植物园的造景设计多按植物的分类区域不同进行配置。植物园的植物分区多分为专类园区、科研引种驯化区、科普展览温室区、水生植物区、沙漠植物区、藤本植物区、药用植物区、宿根植物区、园艺展示区等区域。

二、植物园植物造景设计的重要性

植物园的植物种类比一般公园的植物种类齐全，为了全面展现植物种类的群落习性，在景观性设计时要尽可能展示同类植物的生长特性。在景观组合元素中植物类元素占有很大的比重，同时植物元素可以充分地表达地域性自然景观，带有很强的指导性与教学性。植物园又具有很强的地域性，每个地区的植物园因为所处的地域不尽相同，所以植物种类会以本地域内的乡土植物为主，适当引种其他植物，以作为反映园区景观的代表性的元素进行重点设计。植物造景设计，一方面影响并加强公园环境的审美意境，另一方面满足公园的休闲娱乐和实用功能，并且响应国家对现代园林城市文明生态发展的需求。

三、植物的种类搭配

（一）乔木类植物

植物园内有许多采用植物名命名的道路，并以命名的植物作为行道树。除此以外还有许多孤植或群植的乔木，形成自然林地的园林效果，如皂角树、旱柳、榉树、揪树、广玉兰、水杉、枫杨、银杏、白杨、国槐、三角枫、栾树、无患子、梧桐、法桐、桦树、榕树等。

（二）灌木类植物

植物园内采用大量的灌木，与其他种类植物进行配置，力求布局合理、高低结合、单群结合。灌木类植物以底层景观的形式存在，呈现线性、带状、模纹图案等景观特色。其次是色彩上的搭配如金叶女贞、金叶莸、紫叶矮樱、紫叶小檗、红叶石楠、黄杨、金叶小檗、红瑞木等。形态上追求艺术性造型，力求种类繁多、变化丰富，并在变化中求统一。

其他观花类的植物品种有牡丹、月季、榆叶梅、杜鹃、美人梅、碧桃、贴梗海棠、紫荆、紫丁香、金丝梅、蜡梅等，以呈现四季观花的纷繁景象。

（三）草本地被植物

地被植物多以区域片植为主，比较自由，并与植物园的乔木、灌木、花卉等不同分类的植物搭配。地被花卉多为宿根植物，种类繁多，花色艳丽，可以

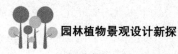

依据这一特点，设计很多图案造型，也可以沿道路周边流线型栽植，形成美丽的色带，结合其他园林景观元素构成意境丰富的空间。

（四）水生植物

水生植物是重要的水景观配景要素，从护坡驳岸到浅滩水系都会有水生植物的存在，疏密有致的种植方式结合栈道、亲水平台、水景雕塑等会形成丰富的水生态景观空间。黄菖蒲、芦苇、芦竹、芦笛、荷花、睡莲、菱角、香蒲等都是配置水生植物的主要种类，可丛植，也可片植。

（五）温室植物

玻璃温室作为植物园的另一个重点，具有很强的科普性、观赏性。很多植物园为丰富植物的种类，满足植物园的教学特性都会设置温室植物区，以满足受气候温度等环境影响的植物的生长需求。如上海辰山植物园温室展区是一个浓缩的热带植物园，温室分为几个馆区，由热带花果馆、沙生植物馆和珍奇植物馆三个单体温室组成温室群，里面有仙人掌、多浆植物、棕榈科、兰花类及其他热带植物。

四、植物配置的实际应用与造景原则

植物园的植物配置要做到植物种类多而不乱，分区细致而不繁杂，步移景异，季相明确。植物的种类繁多，应做到标示明确，而造景形式需要在变化中求统一。

植物园多作为科普性、娱乐性较强的公园，在游人休闲、娱乐的同时还可以学习科学知识。在植物造景搭配上以主调种类为主，适当搭配其他品种，以形成统一群类的植物群落。

（一）根据植物园绿地的性质发挥植物的综合作用

依据植物园的性质或分区绿地的类型明确植物要发挥的主要功能，明确其目的性。不同性质的植物分区选择不同的植物种类，体现植物不同的造景功能。如在科普展示区，植物造景时，应首先考虑树种的科普性功能，而在珍稀植物区，植物种类的特色美化功能则体现得淋漓尽致。不同的植物造景形式应选择不同的设计手法进行植物造景，创造优美的公园环境的同时把整个园区的植物造景形式串联成整体。

（二）根据植物园的植物生态要求，处理好种群关系

在整个公园的生态环境里，很多种类的植物脱离了自己本土的生长环境，所以，本土植物与外来树种相互交错种植搭配，形成了一个新的生存空间，彼此影响着生长的环境，在进行造景搭配时要充分了解各类植物的生长习性，把握各类植物的生态特征，为植物园各生态群落营造良好的景观环境。

（三）植物造景的艺术性原则

植物景观对人的视觉会产生刺激作用，结合其他类景观元素，共同组合成景观环境，从而激发脑海深处对艺术美的感悟。植物园作为主题公园，环境的营造应该以欢快、神秘、舒心为主，植物的形态、色彩、风韵、芳香和氛围浓烈，因时体现出春意盎然、夏荫清澈、秋景意浓、冬装素裹的不同意境，让游客触景生情、流连忘返。

（四）植物园空间关系的营造

在任何植物景观中，任何一处植物的组合都很重要，植物园造景配置过程中，整体与局部要协调统一，应突出主题特色，充分展现植物造景后所形成的园林艺术效果，做到三季观花、四季有色、处处赏景。配置时可将速生树种与慢生树种相结合，乔灌草相搭配，构图时应注意合理搭配色叶植物、观花植物、树形植物之间的三维空间与平立剖之间的关系。

（五）植物园空间关系的营造

植物造景设计是植物园内植物景观体现的根本，既有科学技术的要求，又有艺术设计的展现。在植物造景过程中，突出各植物群落的季相性，搭配植物时注意各类植物之间的比例关系，无论观花还是观叶植物，首先确立一种基调树种，然后其他陪衬的植物占 1/3 左右的比例，使所要表达的主题相对突出，明确设计意图，激发观赏者的视觉神经，给其留下深刻的印象。一般设计手法是，确立同类观叶或观花的树种，无论是叶色还是花色需要基本统一，在同一时间段观赏一个类别，如观叶的日本红枫、元宝枫、美国红枫、三角枫等不同色叶比例的搭配；赏花类的西府海棠、垂丝海棠、木瓜海棠、彩叶秋海棠等观花类植物花期的控制都是需要研究的重点，还有常绿植物与落叶植物、灌木与乔木之间的搭配比例及花期与观叶期的时间也要控制得恰到好处。常绿植物与落叶植物的比例一般控制在 1∶3；专类乔木与花灌木的比例要以专类乔木占主导。合理的造景设计使花海与绿树相协调，展现植物的季相变化，让游客在不同的季节欣赏不同的美景。

以上海辰山植物园的矿坑花园、盲人植物园、水生植物区为例，我们一起来研究植物园造景的基本手法与技巧。上海辰山植物园位于上海市松江区辰花公路 3888 号，由上海市政府与中国科学院以及国家林业局（现为国家林业和草原局）、中国林业科学研究院合作共建，由德国瓦伦丁城市规划与景观设计事务所负责园区整体的设计规划，具有鲜明的现代综合植物园特征，具有典型的科研、科普和观赏游览的功能。植物园园区分中心展示区、植物保育区、五大洲植物区和外围缓冲区等四大功能区，为华东地区规模最大的植物园，同时也是上海市第二座植物园。

辰山植物园收集有 9000 余种特色植物种类，主要以具有经济、科学和园艺价值的种类为主，依据不同特色的植物，全园又设置了 26 个不同类别的特色园。专类园作为全园的核心展示区，植物设置根据世界植物园专类园的设置规范进行，并需符合辰山植物园的地理气候特点。在中心植物展示区，通过对地形的处理，其他景观元素的搭配，及适宜不同植物生长环境的营造，来完成对植物环境的前期设置。然后通过对植物进行种植设计、造景设计，使植物环境形成风格各异、季相分明、步移景异的景观效果。其中矿坑花园、盲人植物园、水生植物园、岩石药物园等都颇具特色。植物种植时要做到突出特色树种，与其他陪衬树种栽植自然衔接，尽量避免人工化，将各种植物进行不同的配置组合形成千变万化的景观效果，给人以丰富多彩却又不杂乱的艺术感受。

①矿坑花园。矿坑花园在植物园的中部位置，是辰山植物园的重要景点之一，辰山植物园依据因地制宜、生态恢复的原则，将矿坑花园分为镜湖区、台地区、望花区和深潭区，花园设计将场地中的后工业元素、辰山文化与植物园的特性整合为一体。望花区的植物多以地被花卉为主，因为上海地区的气候特色，可以常年观花，望花区栽种超过 1500 种地被花卉，各种植物或依坡而种，或栽植于崖边壁旁，或丛植于游步道两侧，应用前高后底，或疏或密的造景手法，让游客如身临花的海洋，感觉置身于春野自然的梦幻境界。

②盲人植物园。植物造景不仅体现人们审美情趣，还兼备生态自然、人文关怀等多种功能。以"一米阳光"为主题的辰山植物园盲人植物区，通过研究植物对社会特殊人群的植物景观影响进行配置，创造出能满足盲人的触觉、听觉、嗅觉等需求的造景组合，种植无毒、无刺，具有明显的嗅觉特征、植株形态独特的植物，创造出具有人文关怀的社会环境与自然环境。

③水生植物园。水生植物区作为辰山植物园的另一大亮点，水生植物种类最多、展示最为集中。其中分为观赏水生植物池、科普教育池、浮叶植物池、沉水植物池、食用水生植物池、禾本科与莎草科植物池、泽泻科异形叶植物池

和睡莲科植物池。栽植时，根据每类水生植物的生长特性、生活环境形成唯一的景观特色，如靠近岸边分割成很多均等的种植块，种植挺水型水生植物，如荷花、千屈菜、菖蒲、黄菖蒲、水葱、梭鱼草、芦竹、芦苇、香蒲、泽泻、旱伞草等。挺水植物植株高大，花色艳丽，绝大多数有茎、叶之分；直立挺拔，下部或基部沉于水中，根或地茎扎入泥中生长，上部植株挺出水面。还可以采用自然式设计，以植物原生地的生长状态为参考进行栽植，还原植物的野趣感觉。造景配置时可以挺水植物、浮水植物、水岸植物等自由搭配，但是要控制面积比例，主要展示的植物占主体，单类展示区域内一般将三种以下的水生植物进行配置，过多会显得杂乱无章，不能体现主题。

为防止水岸植物在自然条件下成片蔓延生长，常采用种植池、种植钵的栽植方式，加上人工修剪以控制植物的长势，以保持最佳的观赏状。

此外，还有专为儿童设计的儿童植物园、展示 50 种国内外珍稀濒危植物的珍稀植物园、收集品种达 500 个蔷薇属植物的月季园。还有华东区系统园、药用植物园、植物造型园、珍稀植物园、旱生植物园、新品种展示园春景园植物系统园、国树国花园等园区，这里不一一列举。

第四节　动物园的植物景观设计

动物园作为城市文明发展的重要组成部分，具有其特殊性，在满足科学研究、科普教育、野生动物保护和休闲娱乐需求的同时，植物景观在动物园景观中又具有重要特征。动物园的植物造景应尽可能还原动物原生地的生态特征，模拟相似的生存环境、活动空间，结合动物的生态习性和生活环境，创造自然的生态模式，并使其具有躲藏、御寒、遮阴和有助繁殖的功能。

一、动物园植物造景的设计要求

①动物园的植物造景既有一般公园的绿化特点，又有模拟动物自然生长环境的不同之处，植物具有提供部分饲料和保持水土的作用，还要求体现植物的功能与景观特色。动物园的植物造景应既为各种动物创造接近自然的生活场所，又要为游人展现美丽的花园般的公园环境。

②动物园的植物造景力求体现生态、自然的特点，植物搭配要恰到好处，不能复杂，同时植物覆盖要让游人有置身于美丽的大自然环境中的感觉，与动物的尽情戏耍构成美丽的天然图画。

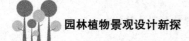

③动物展区的绿化形式多样化，不同动物的生态习性、生活环境不同，在植物配置上要呈现动物原生地的植物特色。大型动物区的视野要开阔，植物多以大乔木散植，结合地被植物；禽类区树木要密植，并且有枝叶繁茂的高大乔木供鸟类休息繁衍；灵长类区域要提供供它们攀缘嬉戏的孤植大树；兽舍外部都要尽可能地进行绿化，同时需设置一定的私密、安静的环境。

④动物园的道路与休息区应注意植物的密度与艺术景观效果，要给游人创造休息和遮阴的良好条件。在满足游人参观的需求同时，要注意植物的遮阴及观赏视线的通透性，可种植乔木或搭花架棚，设置花坛、花境、花架和开花乔灌木等。

二、动物园植物的造景设计

（一）从组景的要求考虑

人们观赏动物的同时，还要了解、熟悉动物的生活环境，因此植物配置设计应尽量展现不同动物对植物群落的不同需求。如西安野生动物园，在猕猴区周围种植观果类植物，以造成花果山的氛围；在鸣禽馆栽植各类观花小乔木，营造鸟语花香的画面。

（二）从动物的生活环境需要考虑

依据动物原生地的生活场景，再现动物原生地植物环境，根据不同地域营造不同植物景观与生态环境，增强真实感和科学性。如威海动物园在山顶大面积栽植油松，点缀杏、梅，创造优美又具有气势的滨海山地动物园特色；北京动物园在熊猫馆配植竹林还原大熊猫的生活场景；广州动物园的大象馆地段种植密林、棕榈类等，形成热带风光景观。动物园的植物环境相对特殊，依据动物园不同的地形，不同的动物区域绿地选用不同的空间围合。如鸣禽区、猛兽区、夜间活动类型动物区可用封闭性空间，与外界的嘈杂声、灰尘等环境隔离，形成一个宁静、和谐的活动游览场所。动物园植物造景应选择避免对动物有害的植物。

（三）从场地环境考虑

动物园场地复杂多变，应依据地形与场地打造不同的场所环境。地形起伏较大或山石堆砌的地方种植根系相对发达且观赏性较强的植物，如梅花、竹、连翘、棣棠、迎春、麦冬、鸢尾、结缕草等。在动物观赏区种植高大、枝冠茂密的乔木起到为游客、动物遮阴的作用。在休息区及道路广场节点的地方采用公园的一般造景手法，或孤植，或散植，结合绿境、草地为游人提供休憩、娱乐的场所。

动物园的植物造景应充分考虑植物林地的立体感和树形轮廓，通过高低、疏密的种植搭配和对复杂地形的合理应用，强化乔木形体的韵律美，丰富造景的形式。

第五节　湿地公园的植物景观设计

湿地公园具有特殊的生态性，是被纳入城市绿地系统规划的，具有湿地的生态功能和典型特征的，以生态保护、科普教育、自然野趣和休闲游览为主要内容的公园，其植物景观有很强的地域特征。湿地公园的植物造景强调湿地生态系统特性和基本生物群落的保护和展示，突出湿地植物特有的自然景观属性，湿地公园重点体现湿地生态系统的生态特性和基本功能的保护、展示，突出了湿地所特有的科普教育内容和自然文化属性。

一、湿地公园植物及其造景含义

湿地公园用地一般分旱地、湿地、沼泽、水体四种，植物选择以湿地、水生植物为主。植物大致分为陆生植物、浮水植物、挺水植物、沉水植物、海生植物以及沿岸耐湿的乔灌木、花草等滨水植物。在湿地公园植物造景中应用较多的有浮水花卉如睡莲、浮萍、凤眼莲、满江红、槐叶萍、菱等；挺水花卉如荷花、菖蒲、蒲草、荸荠、莲、水芹、茭白、香蒲、水葱、芦竹、芦苇等；滨水乔灌木如水杉、竹类、柳树、沙柳等。湿地公园的造景植物根据其生理特性和景观需求可以分为水面植物、水边植物、驳岸植物、场地植物四类，在不同的区域和气候条件下的植物种类各不相同。湿地公园植物造景，在植物生长能够满足当地生态环境条件的前提下，尽量配置观赏价值较高的水生植物，运用艺术的手法，科学、合理规划水体形态并营造湿地景观。

二、湿地公园植物的园林应用特点

湿地公园的植物依据不同的生态环境种植搭配，水生植物种类繁多、资源丰富，造景手法应相对单一，以避免杂乱无章。在湿地公园中，依据不同的功能分区，植物搭配各有特色。湿地公园的植物造景配置还要兼顾总园区的竖向设计，以及植物种类的整体布局。

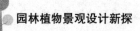

①水面是湿地公园重点体现的部分，水面植物的栽植应疏密有致，要与水面的功能分区结合，占用水面面积一般不超过1/3，水面植物还要考虑植物高度与单类植物的种植面积，与岸边、驳岸植物遥相呼应，形成水景倒影特色，还应考虑水生动物的生活场所及观赏性。

②岸边的造景植物如芦苇、芦竹、菖蒲等形态优美，可以丰富岸边景观视线、增加水面层次、突出自然野趣。

③驳岸无论在造型上还是竖向设计上都形态各异，其造景模式也有很多种。驳岸种植多选择冠型茂密，枝条伸展、优美的树种，如垂柳、旱柳、水杉、池杉等。结合丛生植物，如种植在岩石、壁隙的迎春、棣棠、花灌木、地被、宿根花卉和水生花卉如鸢尾、菖蒲等组成图案式的植物景观。

④其他场所植物应符合湿地公园植物造景的特色需求，满足游人游览之余休憩的需要。

三、湿地公园植物景观设计

①湿地公园的植物造景，按植物的生态习性设置深水、中水、浅水和陆生栽植区。结合自然水系或人工水景（如瀑布、叠水、小溪、汀步等）创造丰富的景观效果。在种植设计上，按水生植物的生态习性选择适宜的深度栽植，高低错落、疏密有致。

②在林地保护带功能区及全园植物景观设计中，要充分考虑人在游览过程中对植物产生的亲近性的情感需求，为满足景观需求、生态需求可在现有植被的基础上适度增加植物品种，从而完善植物群落，美化植物景观效果。

③植物群落的合理搭配从生态功能考虑，应选用可以固土防沙、净化水系的植物，在带有坡度的区域种植根系发达的地被植物防止水土流失。在植物造景方面，尽量模拟自然湿地中各种植物群落的组成和分布状态，将各类水生植物进行合理搭配，还原自然的多层次水生植物景观特色。

④保持湿地水域环境和陆域环境的完整性，避免湿地环境的过度分割而造成的环境退化；保护湿地生态的循环体系和缓冲保护地带，避免城市发展对湿地环境的过度干扰。在重点保护区外围建立湿地展示区，重点展示湿地生态系统、生物多样性和湿地自然景观，开展湿地科普宣传和教育活动。

四、湿地公园岸线植物造景

湿地公园的岸线植物丰富了水系景观特色，在整个公园的水域、沼泽、湿地与陆地之间起到了很好的过渡作用。在湿地公园，驳岸的设计多由原土地、碎石卵石组成，所以植物配置要依据驳岸的特点进行布置。驳岸多为自然式或规则式，有时根据景观需要也会两种模式结合使用，也就是常说的复合式驳岸。在进行植物造景搭配时，规则式驳岸构成形式相对单一、呆板，视觉效果弱，植物要选择枝条飘逸、干形苍穹的树种，如垂柳等；适当搭配迎春、金钟花、绣线菊等丛生性状优美的灌木，形成优美的水景岸线植物景观。

公园植物造景是现代园林景观的重要组成部分，作为景观设计工作者，应该尊重自然生态的可持续发展，在进行植物造景时应该以人为本，以恢复自然生态景观、创造和谐景观环境为己任。充分发挥植物的环境功能，形成丰富的植物群落，展现季相各异的植物景观，遵循生态理念打造合理的、丰富多彩的空间序列，满足人们对自然景观的需求。

参考文献

[1] 郭媛媛，邓泰，高贺. 园林景观设计 [M]. 武汉：华中科技大学出版社，2018.

[2] 胡晶，汪伟，杨程中. 园林景观设计与实训 [M]. 武汉：华中科技大学出版社，2017.

[3] 江芳，郑燕宁. 园林景观规划设计 [M]. 2 版. 北京：北京理工大学出版社，2017.

[4] 丛林林，韩冬. 园林景观设计与表现 [M]. 北京：中国青年出版社，2016.

[5] 刘娜. 传统园林对现代景观设计的影响 [M]. 北京：北京理工大学出版社，2019.

[6] 唐岱，熊运海. 园林植物造景 [M]. 北京：中国农业大学出版社，2019.

[7] 杨湘涛. 园林景观设计视觉元素应用 [M]. 长春：吉林美术出版社，2018.

[8] 曾明颖，王仁睿，王早. 园林植物与造景 [M]. 重庆：重庆大学出版社，2018.

[9] 朱宇林，梁芳，乔清华. 现代园林景观设计现状与未来发展趋势 [M]. 长春：东北师范大学出版社，2019.

[10] 胡守荣. 景观植物在造园设计中的应用 [M]. 哈尔滨：东北林业大学出版社，2016.

[11] 蒋卫平. 景观设计基础 [M]. 武汉：华中科技大学出版社，2018.

[12] 黄金凤. 园林植物识别与应用 [M]. 南京：东南大学出版社，2015.

[13] 赖尔聪. 观赏植物景观设计与应用 [M]. 北京：中国建筑工业出版社，2002.